论尽宇宙

Mastering the Universe

从远古人类到外星人的神秘探索

著名科普作家
李逆熵
——著

海峡出版发行集团 | 福建科学技术出版社
THE STRAITS PUBLISHING & DISTRIBUTING GROUP | FUJIAN SCIENCE & TECHNOLOGY PUBLISHING HOUSE

总序

“论尽”照字面理解是“把一件事讨论透彻”的意思，但对于作为广东人的笔者，口语中的“论尽”更多被解释成“笨手笨脚”（例：乜你咁论尽架？）。

笔者自认属于笨手笨脚一族，而多年来进行科学普及，亦常有“把有关的科学原理讲解透彻”的强烈冲动。当出版社“格子盒作室”替我把一份简论宇宙和生命的科普文章编辑成书时，我稍微想了一想，便提出了《论尽宇宙》这个富于玩味的名称。

由于《论尽宇宙》广受欢迎，我和出版社很快即再接再厉，出版了《论尽科学》这本科普文集，而这两本书都分别于 2018 年及 2019 年入选“香港中学生好书龙虎榜”。

接下来的，是集中探讨“星际航行”的《论尽星航》、教大家如何欣赏和创作科幻小说的《论尽科幻》以及计划中的《论尽哲学》和《论尽世局》等。

承蒙福建科学技术出版社的赏识和支持，为上述头三本作品《论尽宇宙》《论尽科学》和《论尽星航》以简体字重新编辑和出版，让它们可以跟内地的广大读者见面，谨在此致以我衷心的谢意。从一百年前要努力把“德先生”和“赛先生”迎接到中国，到后来提出的“科教兴国”的呼吁，培养科学素养和民主精神仍然是我国必须致力的方向。除了带来阅读的乐趣之外，笔者谨愿这几本小书亦能在这方面发挥到一点微薄的作用。

希望《论尽宇宙》《论尽科学》和《论尽星航》这三本趣味性与知识性并存的作品能激发内地读者朋友对科学的兴趣，并加入科学探索之旅。至于余下的《论尽科幻》和《论尽哲学》等作品也希望很快能与内地的读者朋友见面。

李逆熵

旅程开始前的一个异象一

幻想在你的面前，坐着一只除了头顶长满了长毛外，全身都光秃秃的雌性猿类。它正在吃着一块仍然带着血水的肉类，并喝着一些由腐烂了的果实分泌出来的汁液；它的旁边则放着一束活生生地从一些植物身上割下来的繁殖器官。好了，大家可以想象那是一个怎样的情景吗？

（答案在第 117 页揭晓）

再来一个“孰是孰非”的思考挑战——

古语有云：“上天有好生之德。”环顾我们这个到处都生机勃勃的世界，我想大家对这句话应该不会有什么异议。

大家亦可能听过古语中有“天地不仁，视万物如刍狗”这个说法。“刍”的意思是野草，是很卑贱的东西；而在我国传统文化中，狗也是低贱的象征，如骂人是“走狗”。只要我们想想2008年汶川大地震一下子夺去8万人的性命，以及2004年南亚海啸夺去23万人的性命，我相信你们亦会对这个说法深有同感。

但如今问题来了。两个说法都好像很有道理，但两者却是互相矛盾的！那么究竟哪个说法更能反映现实呢？

一个与上述问题十分相似但更为通俗的问题是：究竟“天有眼”还是“天无眼”呢？或者说，是否“天有眼”，我们才应该循规蹈矩、与人和善、互助互爱、行善积福？而假若“天无眼”的话，我们便可肆无忌惮、损人利己、伤天害理、作奸犯科呢（只要能够避过法律制裁的话）？

（答案在第114页揭晓）

目录

第 1 部　我们的家乡——地球

第 2 部　宇宙有多大

第 3 部　生命简史

第 4 部　从宇宙观到人生观

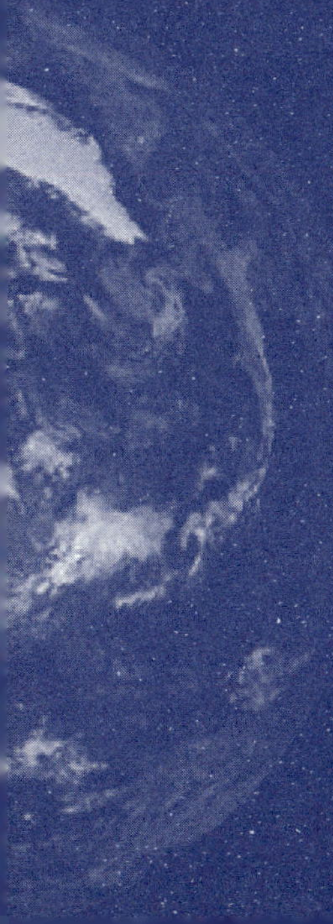

第 1 部

我们的家乡——地球

人类过去数百年间对宇宙认识的大幅提升，是否为我们带来一些有用的启示？我们就从所有人的家乡说起吧。

香港岛有多大

在这个喷气式客机和互联网的时代，我们很容易有一个错觉，以为地球并非很大。这当然大错特错。事实上，地球较我们一般人所想象的都大得多。

就先以我本人生于斯、长于斯的香港岛为出发点吧。大家打开地图看一看，是否觉得香港岛的形状与一种动物十分相似呢?

对了，它的形状就像一只青蛙。这只青蛙的头向西而屁股向东。也就是说，它每天都以屁股迎接日出，而含情脉脉地看着太阳在西边隐没。

大家是否知道这只“青蛙”自东至西有多长呢?

我曾经认真地测量过（当然只是从地图上），得悉“它”的长度约为14 千米。

地球的直径是多少

为了了解地球究竟有多大，现在让我们以哈利·波特也要甘拜下风的超级魔法，把整个香港岛移到地球的赤道之上。

如今的问题是，我们需要多少个香港岛首尾相连，才可环绕地球一周呢？

唔！这当然要求我们知道地球的圆周是多少。大家也许知道，地球的直径沿着两极计算跟沿着赤道面计算有所不同，这是因为地球的自转使得地球不是一个完美的球形。但这两个直径其实相差很小（否则从太空拍到的地球照片也不会跟圆形几乎一样），都是12,700多千米。

地球等于多少个香港岛

为了方便记忆和计算，我们就把地球的直径当作12,800千米好了。把这个数乘以圆周率3.14159，我们便得出地球的圆周；再把这个数（4万千米左右）除以“青蛙”的体长14千米，我们便可得出要求的答案。

答案是什么？是2,872只青蛙。也就是说，我们差不多要2,900个香港岛首尾相连，才可环绕地球一周！

我在香港岛住了这么多年，但假若你问我是否到过岛上的每一处地方，答案当然是否定的。而且我相信在我有生之年，也不可能游遍港岛的每一个角落。但如今我们说的，是2,900个香港岛啊！

▸ **2,872** 只
青蛙在赤道之上。

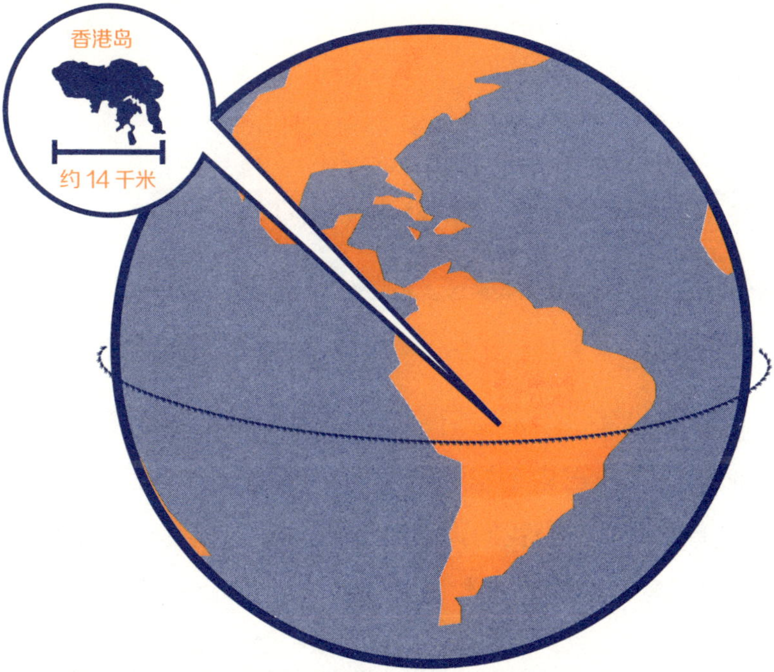

我们更加不要忘记的是，即使我们游遍这些香港岛，也只是环绕了赤道一周而已！我们都知道，即使在一个稍大型的地球仪之上，香港岛也只是一个点。地球的总面积不用我说你也可想而知，较这 2,872 个岛大很多很多。

地壳究竟有多厚

还有的是，虽说我们是居住在地球之上，但实际上，我们只是居住在这个星球最表面的一层外壳之上。各位当然知道，这层外壳我们称为“地壳”，但你们有没有想过：“地壳究竟有多厚呢？”

科学家的研究告诉我们，地壳的平均厚度为 45 千米左右（高原处较厚、海床处较薄）。这个数字跟香港岛的 14 千米比起来算是不小，但跟地球的直径比起来却是微不足道。

究竟有多小？让我们随便拿来一个大大的红苹果，那么这个苹果的皮对比起整个苹果，便已经较地壳比起整个地球厚得多。

更贴切的比较其实是一颗煮熟了的鸡蛋。我想说的不是鸡蛋壳，而是剥了壳后还包裹着鸡蛋的那层薄膜。对，地壳比起整个地球，其厚度便有如这层膜之于鸡蛋般薄。

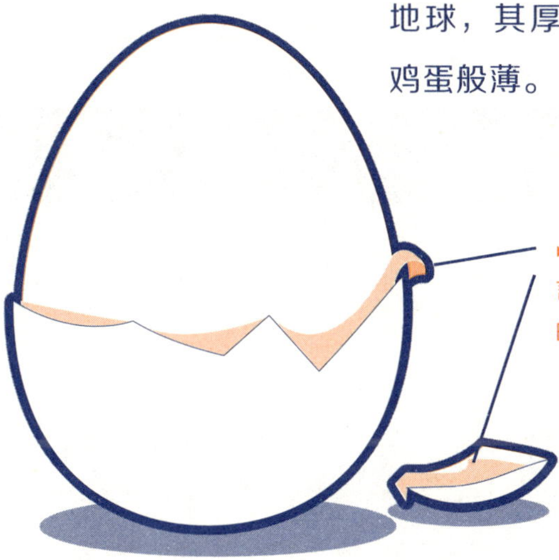

地壳之下是足以熔掉地面上一切生物的炽热岩浆。当然，这些岩浆比起地心的 6,000 摄氏度高温只能说是微热罢了。

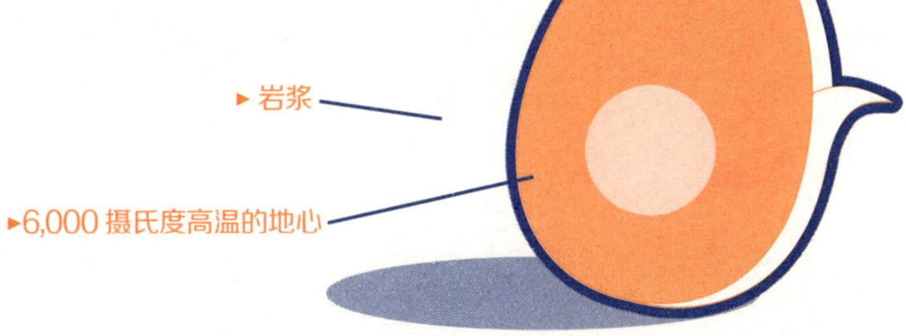

知多一点点

物质的构成是什么

物质的基本构成单元称为“分子”（molecule），如“水分子”“氧分子”“二氧化碳分子”等。“分子”的基本构成单元称为“原子”（atom），如构成“水分子”的“氢原子”和“氧原子”、构成食盐的“钠原子”（sodium atoms）和“氯原子”（chlorine atoms）等。同一类型的“原子”又称为“元素”（element）。目前人类所知的“元素”有一百多种，但因为部分具有放射性（radioactive）并不稳定，组成我们日常事物的“元素”实际只有 90 种左右，包括金、银、铜、碳、氮、氧、硫、磷、钙等。

科学家最初以为“原子”不可分割，后来才知“原子”乃由“原子核”（nucleus）和外围的“电子”（electron）所组成，而“原子核”则由“质子”（proton）和“中子”（neutron）这两种粒子所组成。进一步的探索显示，“质子”和“中子”乃由更微细的“夸克”（quark）所组成。就目前所知，作为能量载体的“光子”（photon），加上不同类别的“夸克”（quark）、“电子”和一种叫“中微子”（neutrino）的粒子，便足以组成我们这个多姿多彩的宇宙，这如同英文中的 26 个字母，即可演变出无穷的语言。

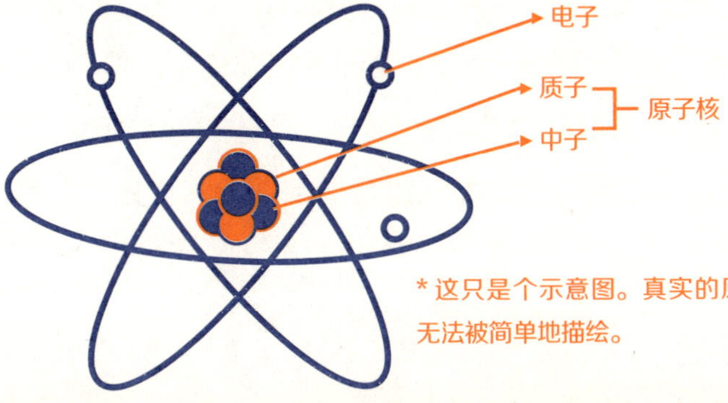

*这只是个示意图。真实的原子无法被简单地描绘。

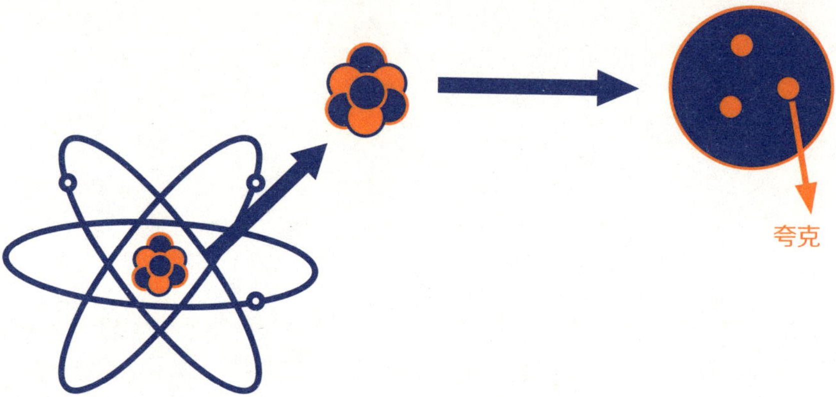

对于上述各种粒子，科学家迄今没有找到它们的任何结构，所以它们被称为“基本粒子”（fundamental particles）。但有趣的一点是，爱因斯坦发现了能量（以“光子”为代表）和物质（即其他“粒子”）原来可以按照 $E = mc^2$ 这条公式互相转化。即在适合的条件下，“光子”可以变成其他的“粒子”（称为“粒子对生成”），而其他“粒子”也可变成“光子”（称为“湮灭作用”）。

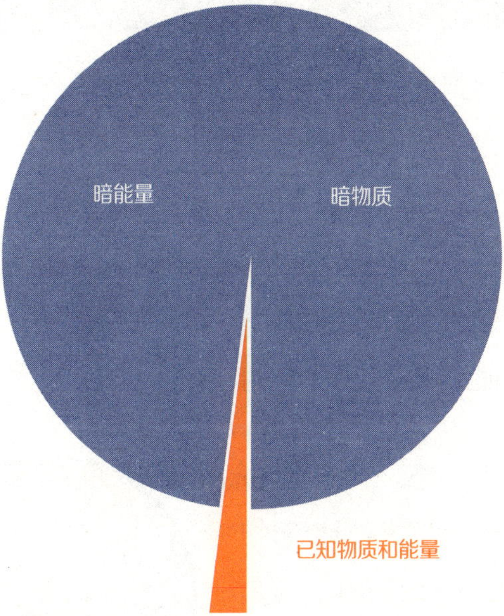

更为令人惊讶的是，自上世纪末开始的研究显示，以上所述的物质和能量，原来只占宇宙总体“质能”的4%左右，其余的96%，是我们迄今所知甚少的“暗物质”和“暗能量”。这些神秘的“暗物质”和“暗能量”究竟是什么东西，将是本世纪一项重大的科学研究课题。

人类，环绕地球要多久

让我们回到地球的大小之上。大家都应该听过《八十日环游世界》这本小说吧。约 150 年前，80 日已经是环绕世界一周的最短时间。到了今天，这个时间已经大幅下降至太空飞船环绕地球一周只需大约 1.5 小时。当然，能够以这个时间环绕地球的迄今只是限于极少数的宇航员。而在另一方面，我们亦很难想象这个时间能够进一步缩减。

为什么呢？原来，太空飞船是在地球的大气层之外环绕地球运行，只需大约 1.5 小时，理论上我们可以降低太空飞船的高度以使这个时间缩短，但这样做会使太空飞船跟大气高层的空气产生剧烈摩擦，结果是得不偿失。

▶ 太空飞船环绕地球一周需要 **1.5** 小时。

光，环绕地球要多久

大家知道宇宙中最快的速度是什么吗？

对，是光。光在真空中的速度大约是每秒 30 万千米，这个速度已超乎我们日常的体验。但我们可以将它跟地球的大小结合起来而得出一个有趣的结果。

虽然光在真空之中只会以直线行走，但假设它能够转弯的话，简单的计算显示，光可以在一秒间环绕地球七周半之多。也就是说，它可以一秒间跨越两万多个香港岛。想深一点，这个比喻其实也超越了我们日常生活的想象……

▸ 光可以在一秒间环绕地球七周半之多。

知多一点点

天体离我们多远

大家可能觉得奇怪，从地球到月球、金星、火星、木星乃至太阳——更不要说什么天狼星、织女星、牛郎星乃至亿万光年以外的星系（galaxies）了——是多么的遥远，我们又是怎么得知它们的距离呢？

人类的聪明才智是令人惊讶的。事实上，天文学家为了测量天体的距离，先后发展出众多巧妙的方法。最基本的一种叫“视差法”（parallax），就是利用地球处于公转轨道的最大距离时（即相隔半年的两个位置），观测较近的星体在遥远星空背景上的位置变动，从而计算出它们的距离。1838 年，德国天文学家贝塞尔（Friedrich Wilhelm Bessel ）便是以这种方法，计算出天鹅座一颗编号为 61 的恒星（中文名为“天津增廿九”）离我们约 10 光年多。这是人类首次成功测得恒星的距离。

往后发展出的一个重要方法，源于美国女天文学家勒维特（Henrietta Swan Leavitt）于 1912 年发现的“周光关系”（period-luminosity relationship）。原来宇宙间有一种光度呈现周期性变化的“变星”（variable stars），它们光度变化的周期长短，与它们的“绝对光度”（absolute luminosity）成正比（绝对光度越大，周期越长）。也就是说，只要我们断定了一颗这类“变星”的距离，便可通过周期的长短，推断出其他更遥远“变星”的绝对光度，从而再计算出它们的距离。

为了测量更遥远的天体，天文学家还创造出“蓝巨星绝对光度”“超新星绝对光度”和“椭球星系绝对光度”等比较测量法。

在宇宙学的超宏观尺度，天文学家则利用“时空膨胀”引发的“星系光谱红移”（galactic redshifts）来进行推算。根据“哈勃定律”（Hubble's law），距离我们越远的星系，因“多普勒效应”（Doppler effect）所导致的光谱红移量会越大。通过这个方法，科学家已经推断了百亿光年以外的“超星系团”（super clusters）和“类星体”（quasars）等天体的距离。

我们现在知道，宇宙大约于 140 亿年前诞生，所以即使我们的观测技术如何进步，我们未来也不可能找到离我们 300 亿、500 亿或 1,000 亿光年的天体。这是因为，即使有一个天体真的离我们 1,000 亿光年远，自宇宙诞生以来，它的光线仍未有足够时间跨越这个庞大的距离而被我们观测到呢！

第 2 部

宇宙有多大

我们已知道地球这个人类共同的家乡是多么庞大。现在，我们会飞出地球，看看地球在宇宙中又是如何的渺小。

月球有多大

离开地球后，最接近我们的天体当然就是——月球。

让我们看看它的大小。假如我们以一个篮球来代表地球，则月球便大致与一个成年人的拳头一般大。

地球

月球

月球离我们有多远

但这个拳头大约处于什么位置呢？

我们发现，原来它处于 30 个篮球的直径之外！大家没有看错，是 30 个篮球（即地球）的直径。而月球已经是最接近我们的天体！太空的辽阔由此可见一斑。

▸ 假如篮球代表地球，月球大致与成年人的拳头一般大。它处于 **30** 个篮球的直径外！

飞去月球要多久

月球当然也是人类迄今唯一踏足的另一个天体。阿波罗号太空飞船从地球飞抵月球要 3 天多的时间。你可能以为太空飞船的速度不够快才需要这么久。但让我告诉你，太空飞船的平均速度其实比最高速的子弹还要快！你能够想象坐在一个比子弹还要快的太空舱之内的情境吗？

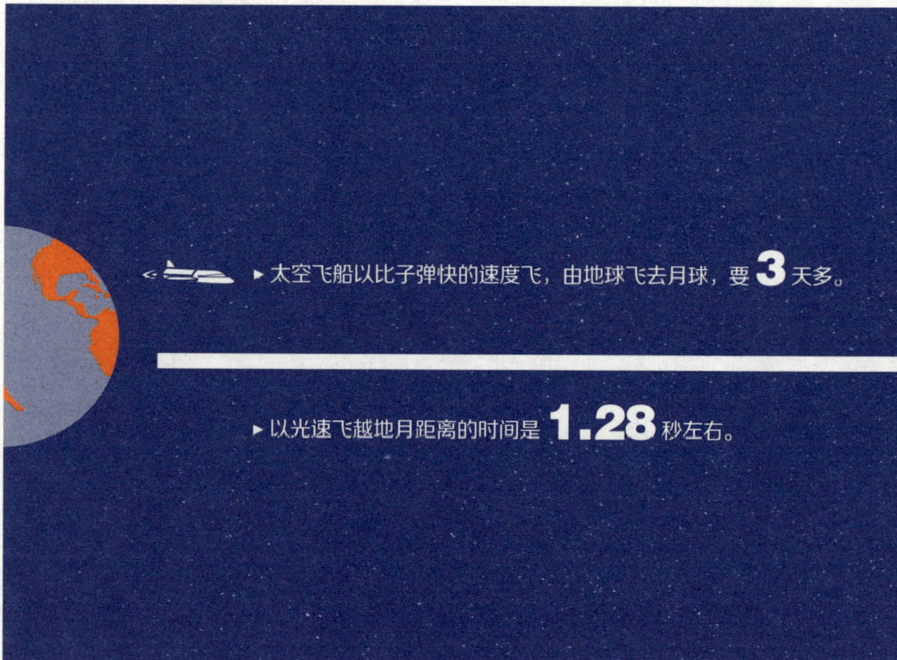

那么以光速飞越地、月两者的距离要多久呢？答案是 1.28 秒左右。也就是说，月球上的宇航员跟地球上的指挥人员通话时，一来一回要 2.56 秒之多（因为无线电波的速度也是光速）。

太阳离我们有多远

离开月球之后，最接近我们的天体是金星和火星。但因时间关系，让我们跳过它们而直奔对我们最为重要的天体——太阳。

太阳离我们1亿5,000万千米，这样的距离是名副其实的“天文数字”。要想更容易体会这个距离，还是让我们利用光线跨越其间所需的时间来表示吧。

光线从太阳的表面抵达地球，需时约8分钟20秒。我们也可把这个距离称为“8.3光分”。

“原来这些是8分钟多前的阳光来。”

太阳离我们 **1 亿 5,000 万**千米。

这意味着什么呢？这意味着我们所看到的太阳并非这一刻的太阳，而是 8.3 分钟之前的太阳。至于这一刻的太阳是什么模样（也许正出现猛烈爆炸！），我们是完全无法得悉，而必须在 8.3 分钟后才观测得到。

留意我说的“完全无法得悉”并非因为我们现时的仪器不够先进或望远镜的威力不够强大。即使我们将来发展出更先进更强大的观测仪器，我们也不可能打破 8.3 分钟这个极限——除非我们能够论证光速并非宇宙速度的上限，即我们能够推翻爱因斯坦建立的“相对论”。我们当然不能武断说这是绝对不可能，但自一百多年前爱因斯坦建立“相对论”以来，无数顶尖的科学家都尝试找出它的错漏之处，可迄今都没有一个成功。

太阳系有多大

让我们再来看看宇宙的浩瀚。现在让我们把刚才的那个篮球代表太阳。

由于太阳的直径是地球的 109 倍，地球将会变得有如一颗芝麻般渺小，而且会被放到离开篮球 30 米的位置。而处于太阳系外围的冥王星，则是处于 1,200 米外的一颗微

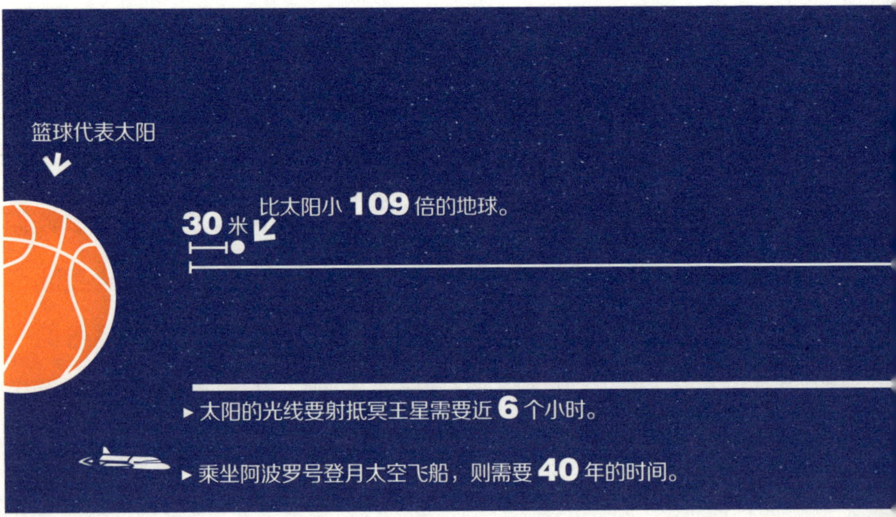

尘而已。我们如今知道冥王星并非太阳系的最外围，但它仍是大家最熟悉的，所以我还是用它作例子。

在现实中，太阳的光线要射抵冥王星需要近 6 个小时，如果我们乘坐阿波罗号登月太空飞船，则需要 40 年的时间才能到达。即使宇航员不发疯，我们也无法携带所需的食物、空气和水。

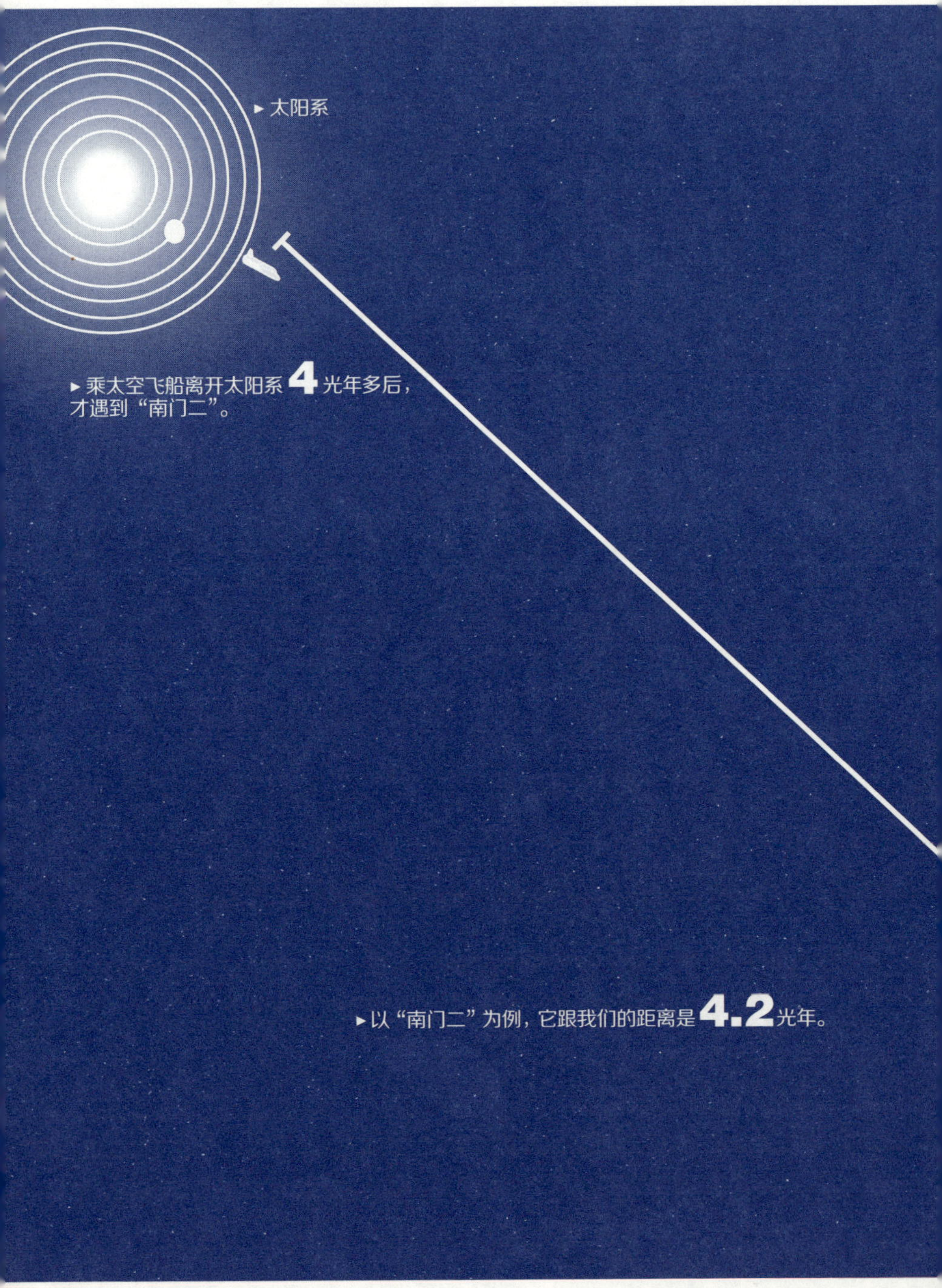
▸ 太阳系
▸ 乘太空飞船离开太阳系 **4** 光年多后，才遇到“南门二”。
▸ 以“南门二”为例，它跟我们的距离是 **4.2** 光年。

然而，一旦光线离开了太阳系，即使它朝着最正确的方向进发，也需要 4 年多的时间才会遇上另一个天体。我所指的“最正确方向”，是指向南边天半人马座的主星“南门二”，英文叫“Alpha Centauri”。大家如果看过科幻电影《阿凡达》的话，故事中的背景就是这个恒星系统。

由于“南门二”及其他恒星跟我们的距离太远了，天文学家索性不再用千米这个单位，而改用光线跨越所需的时间作为单位。以“南门二”为例，它跟我们的距离是 4.2 光年。（直至今天，仍然有人以为光年中有“年”字便必定是时间单位，这就大错特错了。）

作为最接近太阳系的恒星系统，“南门二”实乃由三颗恒星所组成，其中一颗比我们的太阳还要庞大和光亮，另外一颗相较于太阳则略暗，至于第三颗则比太阳暗得多。

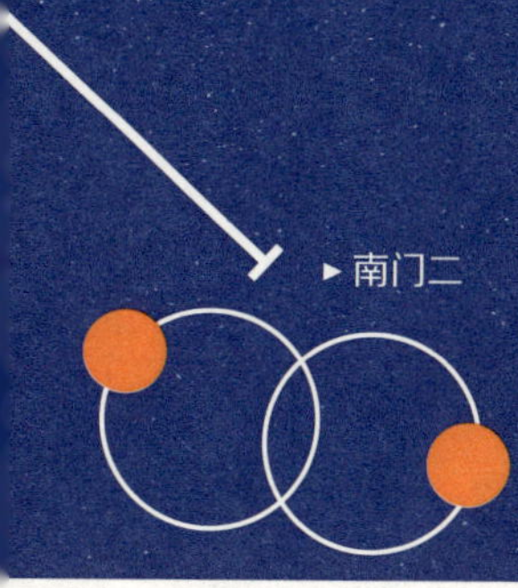

知多一点点

核裂变和核聚变

地球、金星、火星是行星（planets），而太阳、天狼星、织女星是恒星（stars），两者间的差别在哪？主要的差别在于——前者是不能自我发光的天体，所以只能够靠反射其他星体的光才可被我们观测到；至于后者，则相反，可以自我发光发热，是宇宙中光和热的主要来源。

恒星所发出的能量是惊人的。我们的太阳，只是一颗很普通的恒星，但它每秒释放的能量，便足以将地球顷刻间化为灰烬。幸好地球所截获的，只是这个能量的二十亿分之一左右；但就是这个微小的份额，便比目前人类的能源消耗量大上 8,000 倍之多。说太阳能（solar power）不能取代化石燃料（煤、石油、天然气等）而满足人类能源需求的人，显然没有掌握到正确的数据。

其次，太阳每分每秒释放如此庞大的能量已有近 50 亿年之久！这么庞大的能量是从哪儿来呢？科学家的研究显示，能量源于太阳中心区域的核反应。由于巨大的引力挤压，太阳内产生了极高的压力和温度，那儿的氢元素不断聚合蜕变成氦（helium）这种元素，其间释放出极其巨大的能量。按照计算，这种反应可令太阳继续照耀超过 50 亿年之久。

注意，上述这种核反应，与原子弹以及过去数十年来的核能发电原理并不相同。后者的原理是将较重的放射性元素（如铀）分裂成为较轻的元素（如铅），所以科学家称之为“核裂变（nuclear fission）”。至于在恒星内部进行的，则是较轻的元素（如氢）聚合成为较重的元素（如氦），所以被称为“核聚变”（nuclear fusion）。由于核聚变的首要条件是非常高的温度，所以这种核子反应又被称为“热核反应”（thermonuclear reaction）。

大家一定听过氢弹（hydrogen bomb）这种可怕武器。原来氢弹背后的原理就是核聚变，它的威力比基于核裂变的原子弹大上千倍。今天人类所拥有的这些“热核武器”，足以将人类的文明彻底毁灭。

过去大半个世纪，不少国家都投放了庞大的资源，而无数科学家也作出了不懈的努力，以图将热核反应用于和平的发电用途，从而解决人类的能源危机。然而，由于涉及的技术难度极高，这个目标预计最快也要到本世纪中叶才有机会实现。

其实，一个庞大的热核反应炉一直在为我们提供稳定的能源，它便是我们的太阳。不少人指出，要解决能源问题和对抗全球暖化危机，尽快大规模采用太阳能才是最佳的方案。

什么恒星比太阳更大、更热

事实上，除了金、木、水、火、土等五颗太阳系内的行星（planets）外，我们在夜空中所看到的点点星光，每一点都是一个像我们的太阳一般、可以自行发光发热的恒星（stars）。其中不少比我们的太阳还要光亮、炽热和庞大得多。只不过它们离我们实在太过遥远了，所以看起来都只是一些微弱的光点。

就以猎户座（Orion）中的参宿四（Betelgeuse）为例，它的体积便比我们的太阳大很多很多。如果把它放到太阳系之内，水星、金星、地球、火星、小行星带，甚至木星，也会被它庞大的身躯所吞噬！

哪些是太阳系的邻居

参宿四这颗星大家可能比较陌生。那么让我们一起看看，天狼星、牛郎星和织女星这几颗相信大家都听过的星星吧。

位于大犬座（Canis Major）的天狼星（Sirius）离我们 8.6 光年；位于天鹰座（Aquila）的牛郎星（Altair）离我们 17 光年；而位于天琴座（Lyra）的织女星（Vega），则离我们 25 光年。

▼ 天狼、牛郎、织女是太阳系的近邻，但其实已经很遥远了。

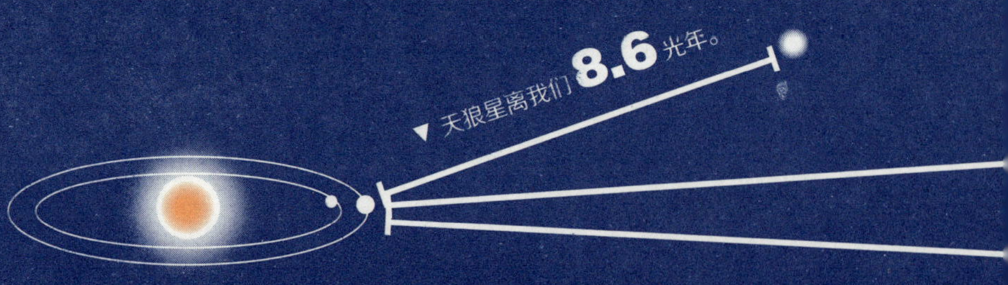

在茫茫的太空中，天狼星、牛郎星和织女星都只是我们的近邻。著名的昴宿星团，即“七姊妹星团（Pleiades），离我们 400 光年；“蟹状星云”（Crab Nebula）离我们 6,500 光年；而“武仙座”（Hercules）的 M13 球状大星团，则离我们达 22,000 光年之遥。

在此我想带出一个有趣的话题，那便是每当我们望向一个璀璨的夜空时，我们是在面对着一个庞大的时光机。为什么这样说呢？因为通过了不同的星光，我们正窥探着宇宙在过去不同时刻的不同面貌。至于宇宙在这一刻的面貌是怎样的，对不起，我们将永远无法知道。

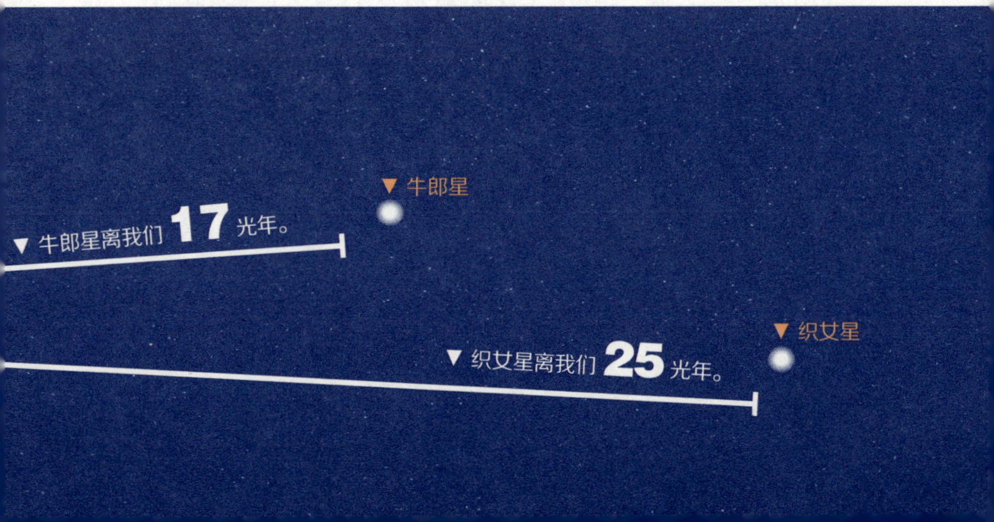

银河系有多大

请大家不要气馁，因为我们现时所知的，已经令我们激动不已。天文学家指出，除了“仙女座”（Andromeda）的 M31 大星系和大、小麦哲伦星云外，我们在夜空中所看见的所有星体，都属于同一个恒星系统。这个庞大的系统便是“银河系”（Milky Way Galaxy）。

银河系有多大呢？首先让我们看看它的形状，它活像我们在运动会上所见的掷铁饼项目中所用的铁饼，是一个中心较厚而周边较薄的圆形系统。它中心最厚之处约为 5 万光年，而整个系统的直径则为 10 万光年。

▼ 银河系中心最厚之处约为 **5 万**光年。

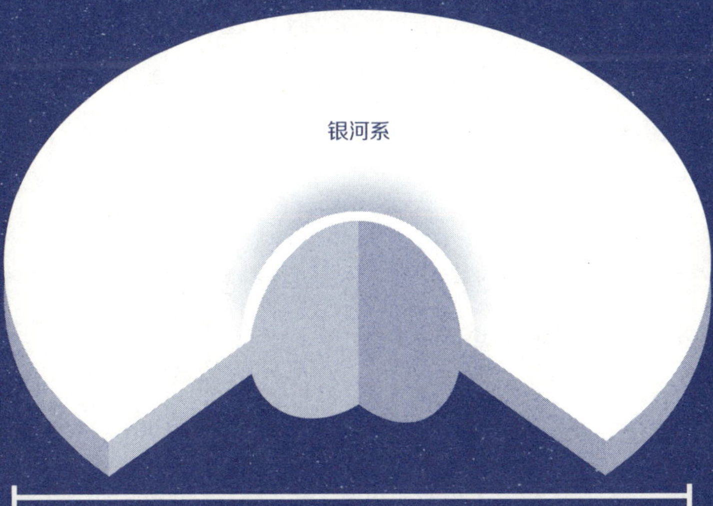

▲ 银河系整个系统的直径则为 **10 万**光年。

跨越银河系要都久

10 万光年是个什么概念呢？好！让我们假设在银河系的最外围的一端出现了一个高等智慧族类，并发展出高科技文明。他们觉得很是孤独，于是想找出宇宙中还有的其他高等智慧族类。他们通过无线电发出一个呼唤的信号，这个信号于是以光速向四面八方不断扩展。

如今假设在银河系的另一端刚好也住着一个高等智慧族类（例如我们），他们于某一天收到这个令人雀跃的呼唤，并立刻以无线电作出回答：“嗨！很高兴知道你们的存在！我们交个朋友吧！”

如今的问题是，原先发出信号的智慧族类，最少要等待多久才会收到这个回复呢？

聪明的你应已猜到了吧。不错，最先发出的信号要跨越银河系的直径需时 10 万年，而回复的信号再跨越银河系的直径又要 10 万年。也就是说，即使中间没有半点延误，原先发出信号的那个族类也要等上 20 万年才会收到回复。银河系的浩瀚由此可见一斑。

▼外星人从银河系一端发信息，另一端的外星人收到信息，中间来回需经历 **20 万年**。

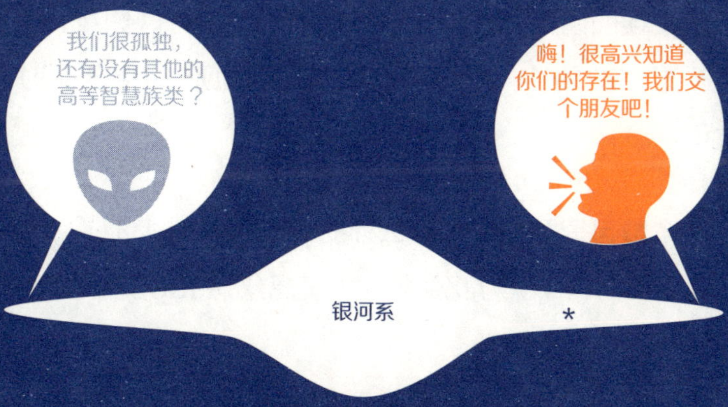

注意：我们身处的太阳系既不处于银河中心也不处于边缘的位置，而是上图中 * 所在的地方（离银河系中心 3 万光年，离边缘 2 万光年）。

银河系包含了多少星体

夜空中看似无穷无尽的璀璨繁星，基本上都属于同一个天体系统。这个系统便是我们所身处的银河系。

除了庞大之外，银河系究竟包含了多少星体呢？由于受到星际尘埃的遮挡，我们无法绝对准确地进行观测量，但按照天文学家的估计，恒星的总数应在 2,000 亿至 3,000 亿个之间。

这个数目究竟是一个什么样的概念呢？就拿 1,000 亿为例，假设我们将 1,000 亿颗恒星（可想象为 1000 亿个太阳）

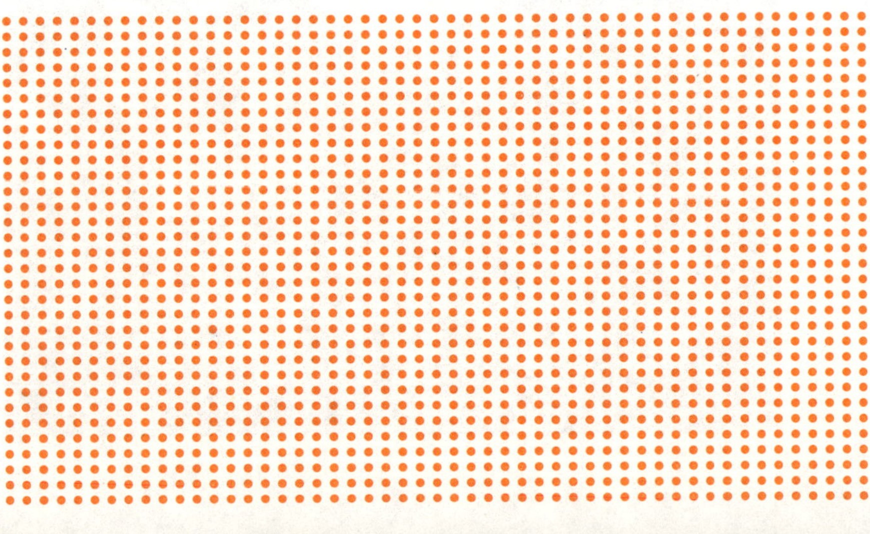

变成为1,000亿个五彩缤纷的复活蛋，并且命令一个不吃不喝、不眠不休的“小露宝”机器人以一秒拾一颗的速度拾取。你猜这个机器人需要多长时间才能把复活蛋拾完？

1年、10年、100年？都错了！是3,200年！如果银河系真有3,000亿颗恒星，那么这个可怜的机器人一秒拾一颗也要花上近1万年才可完成它的工作。

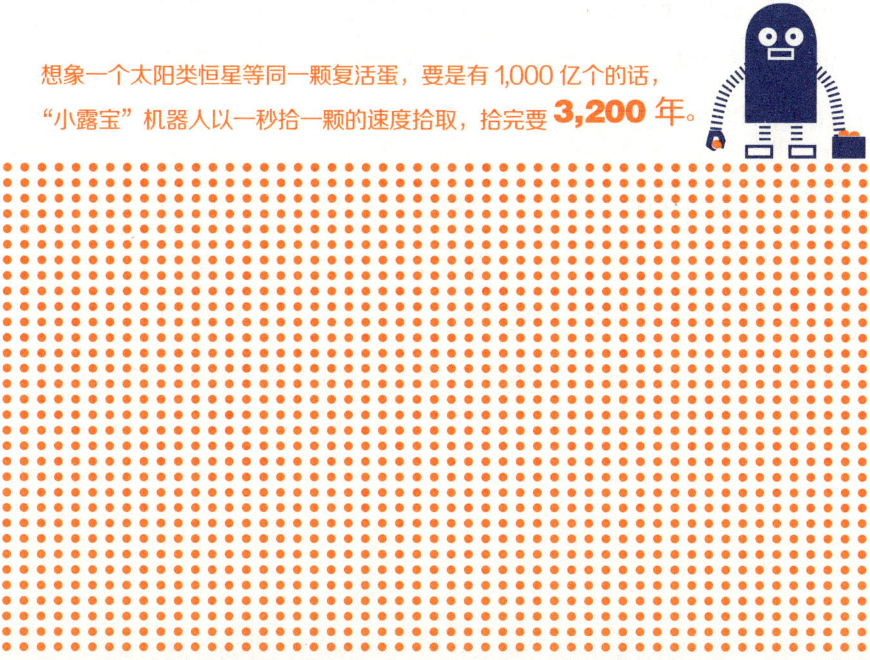

想象一个太阳类恒星等同一颗复活蛋，要是有1,000亿个的话，“小露宝”机器人以一秒拾一颗的速度拾取，拾完要**3,200**年。

银河系是不是整个宇宙

直至 20 世纪初，天文学家仍然以为银河系便是整个宇宙。接着下来的 30 年，我们对宇宙的认识起了翻天覆地的变化。

首先，我们发现银河系原来只是宇宙中无数星系中的一个。宇宙中还有多若恒河沙数的其他星系，其中一些比我们的银河系还要庞大得多。就以离我们最近的、我们前面提过的仙女座大星系（Andromeda Galaxy）为例，它的直径便比银河系大一倍，而包含的恒星数目则达 1 万亿之多！

这儿顺带提及的是，仙女座大星系是人类肉眼所能看到的最远星体。它跟我们的距离达 250 万光年。也就是说，我们见到它时，落到我们视网膜上的光线，早于 250 万年前便已离开这个星系。在那个时候，人类的祖先仍在茹毛饮血的阶段呢！

仙女座大星系
▲ 仙女座大星系的
直径便比银河系的大一倍。
▶ 它跟我们的距离达250万光年。
银河系

星系正在远离银河系

让我们回到有若恒河沙数的星系之上。上世纪20年代，天文学家在研究这些星系的光谱（spectrum）时，进一步发现了绝大部分的星系都在远离我们的银河系！

难道我们的银河系爆发了什么重大的宇宙瘟疫？

你也许会戏剧性地这么想。非也！原来这个现象的由来，是整个宇宙（严格来说是整个时空）正处于不断膨胀之中！最先确立这个惊人事实的科学家是爱德文·哈勃（Edwin Hubble）。如今在太空中运行的“哈勃太空望远镜”，正是以他的名字命名的。

◂ 哈勃通过望远镜发现宇宙正在膨胀。

大爆炸发生前，没有空间和时间。

宇宙发生了大爆炸

从宇宙膨胀这个事实出发，科学家很快便提出了宇宙可能源于一次大爆炸这个观点。到了 20 世纪下半叶，众多强而有力的证据已令这个“大爆炸宇宙论”（Big Bang Theory）从理论的层面，提升到广被科学界接受的一个事实。

科学家的研究显示，无论是物质、能量，甚至是空间和时间，都是在大约 138 亿年前的一趟大爆炸中诞生的。也就是说，在大爆炸之前，空间并不存在，时间也不存在。不要问我这是什么意思，因为这已超乎人类的理解与想象，我相信没有人能够完全解释清楚。著名物理学家霍金（Stephen Hawking）在《时间简史》（*A Brief History of Time*）中用了地球的北极作比喻：我们能否找到比北极更北的地方？答案是不可以。同理，我们能否找到比大爆炸那一刻更早的时刻？答案也是不可以。

银河系的年龄有多大

科学家虽然无法探究大爆炸发生的那一刻究竟如何，却已能够猜测创世的那一瞬间，分析爆炸后兆兆兆分之一秒时的状况。在那天地初开的刹那，宇宙的温度、密度和压力都接近无限大，但体积却比一个针尖，甚至一个原子的体积的亿兆分之一还要小。

▼ 天地初开的刹那，宇宙的温度、密度和压力都接近无限大，但体积却比一个针尖甚至一颗原子的体积的亿兆分之一还要小。

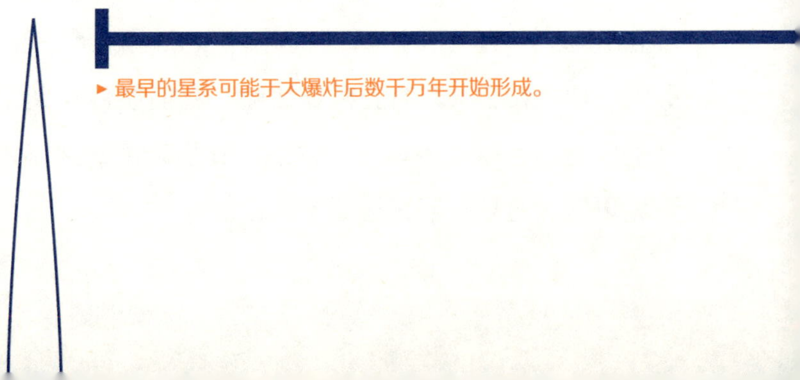

► 最早的星系可能于大爆炸后数千万年开始形成。

爆炸后头三分钟是最重要的——虽然我们现在所认知的宇宙，在那时仍然只约等于一个西瓜那般大，但是组成一切物质的单元——质子、中子、电子等基本粒子，在那时已经形成，并结合成为氢（hydrogen）和氦（helium）等最基本的元素。随着宇宙不断地膨胀和冷却，这些物质终于通过万有引力的作用而互相靠拢凝聚，经过了亿万年后，最终形成了星系和恒星这些天体。

按照科学家的推断，最早的星系可能于大爆炸后数千万年开始形成。但至于我们身处的银河系，形成的时间要晚得多。按照天文学家的研究，银河系的年龄大约只有 100 亿年，而我们的太阳系，其年龄则更小，约只有 46 亿年。

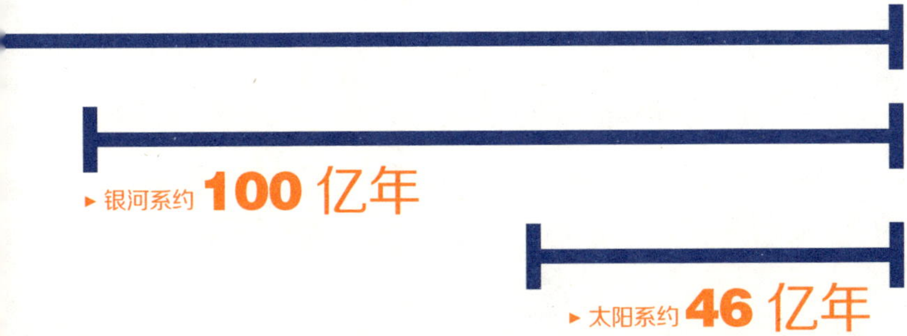

人类是星辰的儿女

这儿必须指出的是，宇宙诞生之初形成的元素只有氢、氦和极少数几种较简单的元素。如今组成我们身体的如碳、氮、氧、硫、磷、钙等都不存在。科学家的研究指出，这些较复杂的元素，都是在恒星的内部通过热核反应（thermonuclear reactions）所逐步聚合而成的。

其中一些恒星在演化晚期发生了极其猛烈的爆炸（超新星爆发），于是把这些元素散布到太空之中。太空中的这些弥漫物质（可称为“星尘”）后来因为万有引力的作用再次积聚，最终形成新一代的恒星。这些恒星内部的核反应，会进一步制造出更多更复杂的元素。

▸ 人类和太阳一样，都是由“星尘”所组成

按照天文学家的推断，我们的太阳至少属第三代恒星，也就是说，组成它的物质，至少来自前两代恒星爆炸后的残骸。大家可能从没想过，宇宙原来是“这么远，却又那么近”，我们都是由星尘所组成。换句话说，我们都是不折不扣的“星辰的儿女”。

知多一点点

四种基本力

每一刻，宇宙各处都充满着复杂纷纭的变化。但大家有没有想过，这些变化是不是必须靠能量（energy）来驱动？如果这个宇宙只有物质（matter）而没有能量，那便半点事情也不会发生。这种绝对死寂的宇宙，“存在”与“不存在”基本上没有分别。

那么能量是什么东西？稍微接触过物理学的朋友，都应该听过“万有引力”和“声、光、电、热”这些主要的能量形式，并且知道电和磁有密切相连的关系；而学过一点儿化学的朋友，都知道所谓化学反应，主要是分子和原子的化学键（chemical bonds）之间的相互作用所致。20 世纪的一项重大科学成就，便是揭露了在这些众多的能量形式背后，原来都只是四种基本力（basic forces）所起的作用。

这四种基本力是什么？第一种是刚才提到的万有引力（gravitational force ，简称“重力”（gravity），它是宏观尺度上主宰宇宙运行（如星系、恒星、行星的运动）的作用力，也是影响我们日常生活一种举足轻重（由跑步到建设摩天大厦）的力量。

第二种是“电磁力”（electromagnetic force），它是声、光、电、热、磁以及所有化学能量（包括燃烧和化学爆炸）等的能量总源头。光合作用和动物摄食所获取的能量也源于此。

第三和第四种力是我们比较陌生的，一来它们在上世纪才被科学家正式发现，二来它们在日常生活里好像没有起到什么重要作用。但事实上，这两种被称为“强核力”（strong nuclear force）和“弱核力”（weak nuclear force）的基本力，是物质形成和演化所不可或缺的。

首先，我们在“物质的构成是什么？”一文中看过，原子核是由质子和中子所组成。当时没有指出的是，质子是带正电荷（positive electric charge）的，所以按照电磁作用的“同性相斥”的原理，它们不可能紧密地挤在一起组成稳定的原子核。在此起着凝聚和稳定作用的，正是强核力。

另一方面，两类十分重要的核反应，就是核裂变和核聚变，而弱核力正是令这两种变化得以出现的基本作用力。也就是说，没有弱核力，太阳和所有星辰都不会发光发热，而生命也不可能出现。

两种核作用力之所以没有在日常生活中显现，是因为两者的作用距离都极短，主要局限于原子的内部。相反，重力和电磁力的作用虽会越远越弱，但涵盖的范围却是没有边界的。

第 3 部

生命简史

恐龙称霸地球达 1 亿 4,000 万年之久。相比人类那数百万年的历史，恐龙的历史是人类的 20 倍之多。除非人类能够延续至 1 亿年以上，否则我们根本没有资格嘲笑恐龙。

生命从何开始

好了，现在让我们再次回到我们的家乡——地球。

地球和太阳差不多同一时间形成，所以也差不多有 46 亿岁。地球在形成初期，其表面环境十分恶劣（火山活动和天体撞击频繁），因此不可能有生命存在。

但随着表面冷却，环境稳定下来，分子水平的物质演化（molecular evolution）不断由简而繁，最后形成了可以自我复制、自我延续的系统——生命就这样诞生了。

科学家从地层中找到最古老的生命遗迹有 38 亿年之久。但在一段十分漫长的岁月，生命的进化都只是停留在单细胞的阶段。

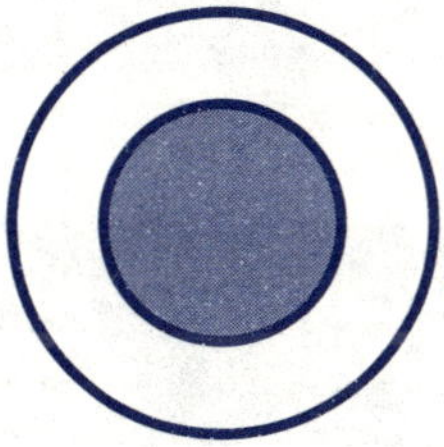

▶生命起初只是一粒单细胞。

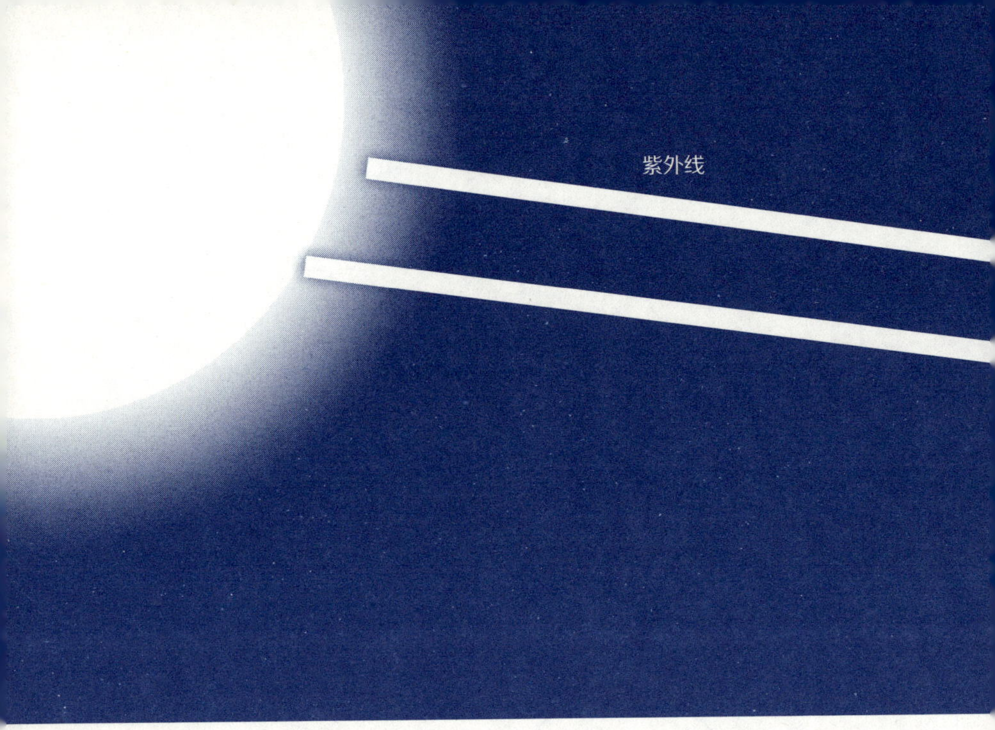

有氧呼吸是进化而成的

20 多亿年前，生命仍处在单细胞阶段，发生了一件重大事件——一些细菌开始利用叶绿体（chloroplast）自我制造食物。“光合作用”（photosynthesis）的出现逐步改变了大气层的化学构成，原本没有氧气的大气层开始出现大量的游离氧气，大量无法适应这种“高度腐蚀性”气体的生物纷纷死亡。然而，正所谓“祸兮福所倚，福兮祸所伏”，一些生物在危难下发展出“有氧呼吸”（aerobic respiration）机能，不但能够幸免于难，而且还变得更有活力。

▸ 地球外围有臭氧层保护，阻隔大量紫外线，令地面生物可以成长。

部分氧气在大气高层受太阳照射变成臭氧，而“臭氧层”（ozone layer）的形成则阻隔了大量有害的紫外线，令地面的生物能够向更复杂的方向发展。终于，在距今5亿4千万年左右，大量的多细胞生物在世界各地出现，其中有甲壳护体的生物更留下了大量的化石。

按照地质学的年代划分，科学家称这次变化为寒武纪大爆炸或寒武纪大兴盛（Cambrian Explosion）。最为有趣的一点是，这段时期出现的不少生物的基本形态结构，都是生物学家从未见过的。简单的结论是，这些另类结构的生物在往后的进化历程中被淘汰了，所以没有后代留存下来。

知多一点点

怎知发生了多久

科学家告诉我们： 北京猿人在50万年前已经懂得用火，6500万年前一颗小行星猛烈撞击地球导致恐龙的灭绝，部分鱼类约于4亿多年前移居陆地成为两栖类生物，地球形成至今已有46亿年，宇宙约于138亿年前形成……然而，我们究竟如何得悉这些远古的事情是何时发生的呢？

以往，科学家只能以出土文物和生物化石在地层里的位置（也包括它们的形态）来判断它们的年代，例如：一件器皿属于汉朝还是周朝，或一种古生物是属于中生代还是古生代等。但这种方法只能给出时代上的先后次序，而无法给出确切的年龄，所以被称为相对鉴龄法（relative dating methods）。

由于树木的年轮和湖底的沙泥沉积往往记载了周年的季节性变化，科学家也很早尝试发展出“树木鉴龄法”（dendrochronology）和“沉积鉴龄法”（varve chronology）等“绝对鉴龄法”（absolute dating methods）。但前者能够应用的年代很有限，后者则因为环境多变而有欠准确。绝对鉴龄法的发展，还有待人类发现放射性衰变（radioactive decay）之后。

原来在自然界中，不少较重的元素并不稳定，如铀（uranium），会不断释放能量和一些粒子，从而衰变成一些较轻的元素，如铅。即使是一些较轻的元素，也有一些不稳定而不断衰变的同位素（isotope），例如一般的碳-12（其原子核由 6 个质子和 6 个中子组成）是稳定的，但其同位素碳 -14（原子核由 6 个质子和 8 个中子组成）则具有放射性。

这些放射性衰变有一个特点，就是会在同一段时间内，有一个固定比例的原子出现衰变。如果这个比例正好达到 50%，这段时间被称为半衰期（half-life）。例如铀 -235 的半衰期是 7 亿年，铀 -238 的半衰期是 45 亿年，碳 -14 的半衰期是 5,700 年等。

这样，科学家可检测岩层、化石或文物中的母核素（parent nuclide），即会发生衰变的元素，如铀 -235 或碳 -14；同时检测其子核素（daughter nuclide），即衰变后的产物，对应以上的例子是钍 -231 和氮 -14；并通过计算这两者之间的比例，推算出有关事物的年龄。一个简单的例子是，如果岩层中的铀 -235 和钍 -231 的母、子比例刚好是 1 ∶ 1，则岩层形成至今便是 7 亿年。

在天文学和宇宙学中，科学家还可应用其他的手段。按照“恒星演化”的理论，天文学家可以推算出一颗恒星形成至今的时间，而类似的推算也可应用于星系，甚至星系团（galactic clusters）之中。

此外，“哈勃定律”告诉我们，星系的后退速度（反映在它们的光谱红移大小之上）与它们跟我们的距离成正比，这不仅可以让我们计算出遥远星系的距离，也可为这些星系的年龄定出下限。道理很简单，假设我们算出一个星系离我们 80 亿光年，那么它的形成至少已有 80 亿年，否则它的光线不可能跨越 80 亿光年的距离而被我们观测到。

鱼类曾经统治世界

最初的生命都是水栖的，最有可能的一个发源地是沿海的潮汐洼沼（tidal ponds），然后再遍布于海洋与江河湖泊。5亿至4亿年前的世界，是一个由鱼类统治的世界（Age Of Fish）。

最早出现在陆地的生命，是约为5亿年前的一些单细胞生物。但各类型生物（植物、蠕虫、昆虫及我们最为关心的脊椎动物）较为大规模的“登陆”行动，则是略早于4亿年前的事情。

大家见过可以用前鳍在滩涂和岩石上爬行的弹涂鱼（又称跳跳鱼）吗？科学家相信，最先登陆的脊椎动物，极有可能就是一些酷似弹涂鱼的鱼类。

▸ 鱼从大海发展到陆地生活。

青蛙是由鱼进化而成

脊椎动物由水栖到陆栖必然经历了一段颇长的时期，因为即使到了今天，一种过渡性形态的生物仍然到处可见。聪明的你当然已经猜到。它便是水陆两栖的“两栖动物”（amphibians），而我们最熟悉的当然是青蛙。

青蛙的交配、产卵、授精和胚胎发育，都必须在水中进行，到了成年阶段，则可以脱离水的环境在干旱的陆地上生活。

大家有养过蝌蚪吗？相信任何养过的人都会感受到生命的奇妙。小小的蝌蚪最初跟一尾小鱼没有分别，但成长过程会慢慢长出四肢，而尾巴则日渐缩小直至消失。

看！一条“鱼”于是变成了一只青蛙！

蛋，是爬行动物进化的“发明”

按照古生物学家的研究，虽然两栖动物十分成功并一直繁衍至今（今天地球上至少有 6,000 个品种），但在 3 亿 2,000 万年前左右，其中一些两栖动物则进一步进化成了“爬行动物”（reptiles）。大家当然知道龟、蛇、蜥蜴和鳄鱼等都属爬行动物，但大家知道它们的繁殖方式跟两栖动物的主要区别在哪里吗？

爬行动物之所以能够完全摆脱水栖的环境，完全因为繁殖上的一个伟大发明——蛋。大家可能从来没有想过，蛋之

为物，是把受精卵以及胚胎发育时所需要的湿润环境（以及所需的养分），复制在一个受到硬壳保护的空间之内。正因为这样，爬行动物才可完全摆脱繁殖时对水的依赖，而进一步征服干旱的大地。

大约到了2亿3,000万年前，爬行动物的一个分支发展成为一个十分成功的族类。这个族类品种极其繁多，其中一些的体形更不断增大，最终成为当时地球上最庞大的巨无霸。它们充斥于地球上每一个角落，由陆地、天空、江河、湖泊以至海洋都有它们的踪影。不用说大家也已经猜到了，它们便是大家耳熟能详的“恐龙”（dinosaurs）。

知多一点点

鸡与蛋的困惑

相信很多人都曾经被“先有鸡，还是先有蛋？”这个问题所困惑。的确，没有鸡，又何来有蛋？但另一方面，没有蛋，又何来有鸡？分析下来，无论我们选择哪一个答案，都会碰到因果循环的逻辑悖论。

正如不少千古之谜一样，正确的答案要求我们跳出问题预设的框框。就“鸡与蛋”这个问题，原来最先存在的“鸡”不是鸡，而最先存在的“蛋”也不是蛋！

此话何解？科学家的研究显示，我们现在所认识的家禽如鸡、鹅、鸭等，都是古代人类从野生的品种慢慢驯化、筛选、配种和强化而来的。就今天的家鸡而言，它的前身是野鸡，这正如家犬的前身是狼、家猫的前身是山猫、家猪的前身是野猪一样。

当然，喜欢“打破砂锅问到底”的人（包括笔者）不会就此满足。我们即使接受了“最先存在的鸡其实是野鸡”这个事实，我们仍然可以追问：“那么世上究竟先有野鸡，还是先有野鸡蛋呢？”问题似乎又回到了起点。

在此，古生物学的研究给出了一个更令人诧异的答案——野鸡的远祖不但不是野鸡，而是根本不是鸟类的恐龙！科学家指出，从某一个角度看，恐龙并没有彻底灭绝，因为今天所有的鸟类，乃是由浩劫余生的恐龙一族进化而来的。

“鸡与蛋”的问题现在已变成了一个生物进化的问题。本书的正文指出，恐龙这种爬行类是由“两栖动物”进化而来的，而“两栖动物”则由鱼类演变而来；再向前追溯，鱼类来自更古老的无脊椎动物，而这些动物最终可追溯至最原始的单细胞生物。

如今的问题已变成：“生命从何而来？”这一方面，科学界已经普遍认同，最初的生命乃由无生命的物质逐步演变而成；但在另一方面，我们却再次碰到一个近似“鸡与蛋”的困惑。这是因为生命两大构成物质是蛋白质和DNA[①]。人们知道，蛋白质的合成必须有赖于DNA的引导，而DNA的合成则有赖于蛋白质的催化。那么世上究竟是先有

① DNA：脱氧核糖核酸，具有储存遗传信息的功能。

蛋白质还是先有 DNA 呢？

经过了大半个世纪的深入研究，今天的科学家大致认为，在这种因果循环未完全建立之前，一种叫“核糖核酸”（Ribonucleic acid，RNA）的物质起了关键的桥梁作用，所以这个“鸡与蛋”的悖论已被化解。然而，个中的细节怎样，仍然有待我们去进一步理清。

恐龙为何会灭绝

今天我们知道，恐龙的灭绝实乃“非战之灾”。杀死恐龙的元凶，是一颗直径只有10千米左右的小行星（asteroid）。不要小看这颗比香港岛还要小的“太空炮弹”，因为按照科学家的推断，它在6,500万年前的某一天撞向地球时，速度是音速的50倍，而撞击时的威力，是现时全世界核武器威力总和的1,000倍！

撞击不但导致山崩地裂，也引发了惊人的地震、海啸、火山爆发、森林大火和酸雨等灾难。而最为致命的，相信是撞击时扬起的沙尘、火山喷发出的火山灰，以及森林大火所产生的烟灰。所有这些物质都会产生同一个效果，就是将阳光阻隔而令大地陷入一片昏暗之中。

科学家的研究进一步显示，一部分的物质可能进入大气高层，即对流层（troposphere）以上的平流层（stratosphere），并在那儿停留一段颇长的时间。也就是说，这种不见天日的情况可能维持了数年之久。

阳光被阻隔，令植物无法进行光合作用而大批死亡。不用说，无论是素食或肉食的动物，也会因此而难逃厄运。

事实上，这次大碰撞令地球上超过80%的生物灭绝了，科学家称之为“白垩纪大灾难”（Cretaceous Catastrophe）。

恐龙之后，是哺乳动物的时代

对于早已出现的原始哺乳动物来说，白垩纪大灾难却是一个莫大的契机。恐龙的灭绝为这些劫后余生的动物提供了一个辽阔的进化舞台，地球于是进入了“哺乳动物时代”（The Aga of Mammals）。

6,500 万年的进化，产生了大量稀奇古怪但今天已不复存在的哺乳动物（如南美洲的巨型树懒）。但其中一趟古怪的进化历程，其后裔却留存至今。它们便是约于 5,000 万年前从陆地回到水里居住的鲸类（大家有否留意其中包括的海豚，其中文的意思正是海中的猪吗？当然古人不懂进化论，这应是有趣的巧合）。相信大家都知道鲸鱼这个名称是完全错的，因为它们不是鱼类，而是不折不扣的哺乳动物。

对于我们来说，最重要的一种哺乳动物必然是“灵长目”（primate）动物。（“目（order）”是生物学所用的一个生物分类等级，其他的“目”包括“食肉目”“食虫目”“啮齿目”等。）这种动物包括了我们所熟悉的猴子、猿类、人类以及这些动物的直系祖先，还包括了现在主要生活在马达加斯加岛（Madagasca）上的各种“狐猴”（lemurs）。研究显示，这些狐猴与原始的灵长目生物最为近似。

▸ 我不是鱼，是哺乳动物

人类的祖先是猿还是猴

大家知道如何分辨猿和猴吗？一个最简单的分辨特征是——猴拥有尾巴，而猿是没有尾巴的。

粗略来说，猿类可被分为大猿类（great apes）和较小的猿类（lesser apes）。后者的代表是各种的长臂猿。至于前者，现存的品种有五个——大猩猩（gorilla）、黑猩猩（chimpanzee）、倭黑猩猩（bonobo apes）、红毛猩猩（orang-utang）和人类（homo sapiens）。（在发现之初，倭黑猩猩曾被归类为黑猩猩的一种，直到上世纪下半叶才被确立为另外一种大猿类。）

科学家对灵长目生物的进化已经作出了极为深入的研究，研究的手段既包括了化石也包括分子生物学的证据。证据显示，红毛猩猩的祖先与其他猿类的祖先分支得最早，时间约为 1,500 万年前；其次是大猩猩，分支时间约为 800 万年前。至于黑猩猩与倭黑猩猩在进化上与人类最为亲密（彼此的基因差异不足 2%），彼此的祖先约于 700 万年前才分道扬镳。

猴类
大猿类
大猩猩
黑猩猩
猴
倭黑猩猩
红毛猩猩
人类

知多一点点

北京人是“龙”的祖先

自从达尔文（Charles Darwin）于1859年发表《物种起源》（*Origin of Species*）这本巨著以来，人们很快便想到，既然所有生物都是通过进化而变成今天的样子，那么人类也不应例外。

1871年，达尔文在另一部著作《人类起源》（*The Descent of Man*）里正式探讨这个极具争议的课题，并且提出了一个精辟的见解：由于大猿类（great apes）如黑猩猩、大猩猩等与人类最为相似，所以它们在进化上应与我们最亲近，而人类祖先的化石，应该可在非洲找到，而且必然具有不少猿类的特征。“猿人”（ape-man）这个概念由此不胫而走。

其实早于1856年，科学家便已于德国发现了一种古人类的化石。这种被称为“尼安德特人”（Neanderthal Man，简称“尼人”）的古人类距今约10万年，形态上与现代人有明显的差异。但在追寻人类祖先的道路上，这个发展很快便被1924年在南非发现的“南方古猿”（Australopithecus）所掩盖，这是因为这种古猿的年代，比尼安德特人早上十倍有多。

令人惊讶的发现接踵而来。在1923年至1927年间，科学家在北京周口店附近发现了另一种古人类的骸骨。这种被称为“北京猿人”（Peking Man，又简称“北京人”）的古人类距今约50万年（即处于南方古猿与尼人之间）。而且根据周围的遗迹，他们当时已经懂得用火，即已经远离禽兽之类而踏上智慧之路。

一直以来，中国的古人类学家都把北京人（正确的学名是“直立人北京种”，Homo erectus pekinensis）看作是中国人（华夏族）的祖先（传统常说中国人是“龙的传人”，那么“北京人”不就是“龙的祖先”？）。

然而，到了上世纪末，这个观点受到了巨大的挑战。挑战并非来自新的化石发现，而是来自最新的基因分析技术。

原来，按照这种基因分析技术发展出来的“分子进化钟”（molecular evolutionary clock），科学家可以通过某些同类型基因所累积的遗传变异，计算出不同物种由“同源”至“分支”至“独立进化”至“不同阶段”的时间间距。正是通过这种分析手段，一些科学家指出，现代人类（学名 Homo sapiens）的共同祖先，是于 15 万至 20 万年前，才从东非洲崛起，然后逐渐迁移和散布至全世界的。

按此推论，50 万年前生活在周口店的北京人不可能是中国人的祖先。它只是一族没有留下后代的、灭绝了的人类旁支罢了。

有好一段时间，中国的古人类学家对这个理论极其抗拒，并坚持“北京人”作为“龙的祖先”的地位。但踏进 21 世纪，随着“进化分子钟”地位的确立，新理论已被更多人接受。即使这样，下次大家前往北京，可千万不要错过探访位于周口店的“北京人遗址”呢。况且关于人类起源的最终答案还有赖于科学的不断发展。

200 万年以来，人类如何进化

约200万年前，一种叫能人（Homo habilis）的古人类开始懂得制造大量石器工具。

约50万年前，一种叫直立人（Homo erectus）的古人类开始懂得用火。

约15万年前，现代人（Homo sapiens）的直系祖先才开始离开非洲。

约30年前建立起连接世界的互联网。

约60年前进入太空。

约150年前开始懂得用电（电气化时代）。

约230年前发明蒸汽机（工业革命）。

约500年前实现环球旅行。

约6000年前，我们发明了文字并开始进入使用金属的年代（青铜时代）。

约1万多年前，人类开始懂得农耕并进行定居（农业革命）。

什么是宇宙年历

对于只有数十年寿命及数千年历史记载的人类而言，宇宙演变所涉及的漫长时间，实在远远超乎我们的理解与想象。为了让我们较好地领略演变所需的时间，有人想出了“宇宙年历（cosmic calendar）”这个精彩的表达方法。

我们若把宇宙的历史压缩成为一年，那么在这个宇宙年历之中，宇宙诞生的一刻（大爆炸）是元旦日的 0 时 0 分 0 秒，而我们身处的这一刻，则是 12 月 31 日的子夜 12 时。

好了，现在让我们看看宇宙演变期间的各个里程碑。早于 1 月中旬，最古老的星系和恒星陆续形成。相比起来，我们的银河系是一个迟来者，因为它的形成时间约为 5 月 11 日。我们身处的太阳系则形成得更晚，要到 9 月 1 日左右才出现。而地球也大约在那个时间形成。

地球上最古老的生命，约于 9 月 21 日出现。光合作用出现于 10 月 12 日，大气层中的氧气显著增加是在 10 月 29 日左右。

说起来令人难以置信——多细胞生物的出现，已经把我们带到这一年的最后一个月！刚才提到的“寒武纪大爆发”是 12 中旬的事情。鱼类兴盛始于 12 月 18 日，两栖类的出现是 12 月 22 日，而爬行类的出现则是 12 月 23 日。

恐龙统治地球差不多 1 亿 5,000 万年，在这个“年历”中，这段时间只是由圣诞节的 12 月 25 日至 12 月 30 日。往后的一日跨年日的 12 月 31 日，迎来了现代各种猿类的祖先。而人类祖先的出现，则已是当天 14 时之后的事情。

人类懂得大量制造石器工具是跨年夜 22 时半，懂得用火是 23 时 44 分，而进入农业社会则只是最后的 1 分钟即 23 时 59 分 32 秒的事情。

中国的汉、唐时期与西方的罗马帝国出现于 23 时 59 分 55 秒，郑和下西洋与哥伦布无意间抵达北美洲是 23 时 59 分 58 秒，而工业革命的出现是 23 时 59 分 59 秒。也就是说，我们现时所熟悉的近代和现代文明，在“宇宙年历”中存在的总时间还不足一秒钟。

人类真的要渺小得自卑吗

有人曾经作过一个这样的比喻——

如果我们把双臂张开以代表宇宙的时间跨度，则我们只要拿出一个小小的指甲锉，并在代表“这一刻”的中指指端的指甲上轻轻一锉，那么人类的历史将完全被删掉。

情况已经十分清楚了，无论在空间上还是在时间上，人类都渺小得微不足道。

但这是否表示，我们应该感到极其自卑呢？

科学家不断开拓科技领域，了解宇宙。

我看大可不必。面对浩瀚的宇宙，我们的确应该感到谦卑，却无须感到自卑。前者是健康的心态，但后者则不是。从某一角度来看，我们不但无须自卑，更应该感到自豪。

为什么这样说呢?

这是因为我们刚才对宇宙的描述，都是通过我们的认知能力、思维能力，以及千百年来无数人努力不懈的科学探求所获得的。请大家想想，以我们如此渺小的形体，却可探及到亿兆光年以外的事物，以及发生于鸿蒙初开时的事情，其令人惊讶的程度，比起宇宙的壮伟也毫不逊色!

知多一点点

人类感官的局限

我们对世界的认识，必须通过感官所提供的资料。所谓“巧妇难为无米之炊”，没有了这些“感官素材”(sensory inputs/data)，就是最聪明睿智的人，也无法正确认识这个世界。

常谓的“五官”指我们的视觉、听觉、嗅觉、味觉和触觉。大家可能没有想过，任何最先进最精密的科学仪器，它们所搜集到的资料，最后也得转化作为这五种感官素材的一种，才可被我们所感知和分析。

现代科学的研究显示，比起引导我们“感官反应”的一系列物理现象，我们的感知范围其实非常狭窄。先说视觉这个最重要的感官。引起视觉反应的“光”，本质上是一种电磁辐射波（electromagnetic wave），但这种波涵盖的范围却远比可见光的红、橙、黄、绿、青、蓝、紫大得多。在“红”的一端之外，我们有红外线、微波、短波无线电、长波无线电、超长波无线电等。在“紫”的一端之外，我们有紫外线、X-射线、伽马射线等。无论以波长、频率，还是能量的延伸范围看，可见光占电磁波谱还不到万分之一。对于以外的部分，我们跟瞎子没有什么分别。

在听觉方面，就是反应最敏锐的人，也只能感应到由每秒振荡20次到2万次左右的声波，对于振荡次数更少的次声波（subsonics）或更多的超声波（ultrasonics），我们是毫无知觉的。

至于嗅觉、味觉和触觉，我们的感知范围同样非常有限，超越了这些范围的话，我们或是毫无知觉，或是身体会受到严重损害，甚至危及生命。例子包括过高和过低的酸碱度、温度和气压等。

此外，对于电场（如物体带有正电荷还是负电荷）和磁场（例如地球磁场的变动），我们更是无法感知。

动物的感官世界则往往比人类的丰富，例如鹰的视力比我们锐利，蜜蜂可以看到紫外线，不少蛇类可以感应到红外线，犬类和鲨鱼的嗅觉比我们灵敏得多，大象和鲸可以听到超低频声波，蝙蝠和海豚则可以听见超高频声波等。此外，电鳗不仅可以放电进行攻击，还可感应到电磁场的微细变化。大地震前夕往往会出现的动物行为异常，正是因为这些动物感应到我们无法感应的环境变化。

面对人类感知的局限，我们固然应该感到谦卑；但另一方面，人类通过好奇心、理性思维和生活实践，而发明出众多的科学探测仪器，已经令我们大大超越了这些局限，甚至窥探到原子的内部以至亿万光年以外的太空。

我们对此，当然应该感到自豪。

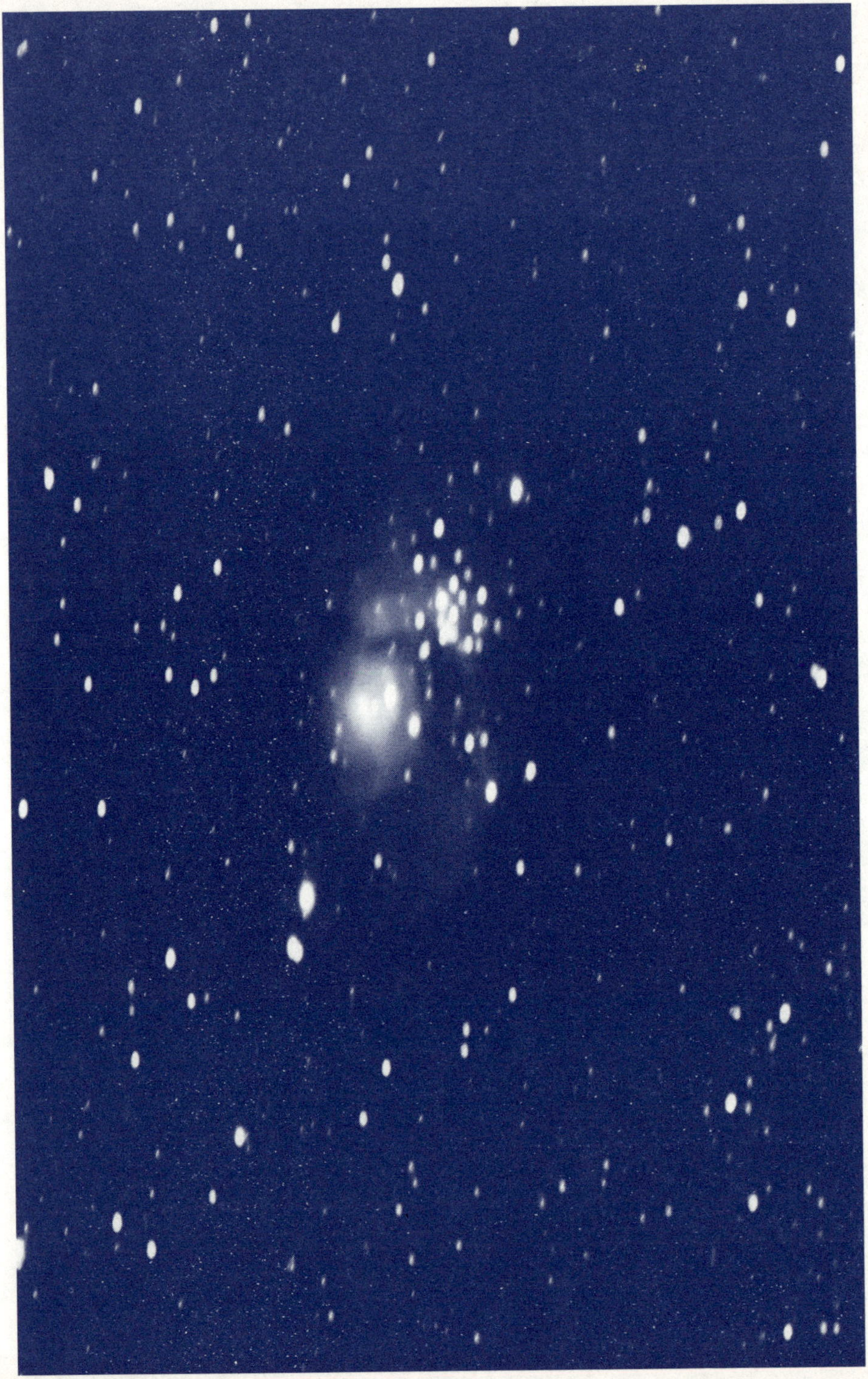

第 4 部

从宇宙观到人生观

科学的探究揭示，人类的起源乃由较低等的动物进化而来。把人类降低到动物的层面，看来这有损人类的尊严。你认同吗?

人类由低等生物进化，有损尊严吗

我认为这种看法是错误的。我们不是常常说“英雄莫问出处”吗？一个成熟的人不会介意自己出身卑微。相反，卑微的出身只会愈发显出他日后成就的可贵。

情况已经十分清楚了，人类是进化的产物，因此人的思想、感情、道德、信仰等也是进化的产物。荀子曾经说过：“水火有气而无生，草木有生而无知，禽兽有知而无义；人有气、有生、有知，亦且有义，故最为天下贵也。”这一说法固然没错，但一直以来，我们都以为“最为天下贵”的人类是先有道德价值，然后由价值影响观念，再由观念影响思想，最后思想再影响行为。殊不知真实的情况刚好相反。

真实的情况是——进化逻辑（随机性基因变异如何影响生物个体的适应能力和子女数目）是因，行为倾向（例如乱伦禁忌倾向）的选择与淘汰是果。对于禽兽而言，这已是因果链的终结。但对于发展出高度自我意识和高等思想与感情的人类而言，这种行为倾向会逐步在感情上和思想上得到内在化和合理化，最后形成了人类对各种事物的观念。而这些观念则进一步被提升为各种伦理道德的价值。

也就是说，我们历来对道德与行为的认识，恰恰是将彼此的因果关系颠倒过来了。过往假设的因果走向是："价值 → 道德观念 → 思想 → 行为倾向→ 行为结果"，今天我们所得悉的因果走向则是："行为结果 → 行为倾向 → 思想 → 道德观念 → 价值"。具体来说，我们是"先有互助，故有互爱"，而并非"先有互爱，故有互助"。

把生命、意识、情感、道德贬低到物质的层面，不是对人类高贵情操的一种亵渎吗？

我的回答是，科学探求不断揭示造物的奥妙，它所带来的洞悉，是物质世界的进化如何逐步建构出奥妙无穷的生命、意识、情感和道德世界的过程。从这个角度看，这一论述绝对不是一种亵渎，而是一种讴歌。

"互助互爱"是人类最珍贵的特质，对于真正有智慧的人来说，又何须分辨孰先孰后呢？同样道理，"母爱是伟大的”和“母爱是进化的产物”之间，并不存在矛盾。所谓矛盾，只是智慧不足的人自寻烦恼罢了。笔者甚至会说，绝大部分人一天未能接受“母爱是伟大的”和“母爱是进化的产物”之间并不存在矛盾的话，人类作为一个智慧族类便一天未能离开孩童时代而成为一个睿智的族类。

不错，人类的喜、怒、哀、乐皆是进化的产物，但这丝毫没有减损它们的重要性。

爱因斯坦的一句名言是我十分喜爱的：“与大自然的深淼浩瀚相比起来，人类的科学和理性是十分肤浅、幼稚和有限的。然而，它却是我们所拥有的最珍贵的东西。”

我欲借此名句来表达一个类似的观点：“与大自然的深淼浩瀚相比起来，人类的喜怒哀乐是微不足道的。然而，它却是我们拥有的最珍贵的东西。”

外星智慧族类有可能存在吗

我当时应该是刚刚上中学吧。当我把宇宙中还存在着别的生命的可能性，以及达尔文的生物进化论结合起来，我得出了一个非常震撼的结论，那便是宇宙中极有可能存在着一些在进化上比我们先进 10 万年、100 万年、1,000 万年，甚至 1 亿年的高等智慧族类！（不要忘记即使是 1 亿年，也不过是宇宙历史的一百三十八分之一）这些超级生物将是怎样的呢，想想就已令人晕眩。我记得当时在记事簿中写下了这样的一条方程式：

$$\frac{X}{\text{人}} = \frac{\text{人}}{\text{蚂蚁}}$$

直至今天为止，我仍然认为这是人类所能构想得到的最为震撼的方程式。再极端一点，我们可以把右边分母的蚂蚁改为病毒。

在天文学和生物学未发展起来之前，人们都以为人类是“造化的巅峰（Crown of Creation）”，而“X”只能代表着各种宗教所信奉的神灵、上帝。

然而，生物进化的事实却为我们带来了另一种可能性。正如 500 万年前、50 万年前，甚至只是 5 万年前的人类祖先无法理解现代人类的物质创造和精神境界；5 万年后、50 万年后和 500 万年后如果还有人类存在的话，他们的物质创造和精神境界显然也会超出我们的理解范围。也就是说，上述方程式中的 X 再也不限于“信则有，不信则无”的超自然神灵，而完全可以是进化过程下的自然产物。

当然，在实际生活中，上述的可能性意义不大，除非我们能够发明一种“超级人造冬眠”技术，让我们一觉醒来便去到 500 万，甚至 5,000 万年后，从而看看那时人类进化成什么样子了。

如果人类不是茫茫宇宙中唯一的智慧族类的话，那么情况就变得大为不同了！

这是因为，在别的太阳照耀下成长的生物，在进化上的阶段既可能比我们地球上的落后，也可能先进得多。不要忘记 100 万，甚至 1,000 万年在宇宙的历史上只是弹指之间，如果 1,000 万年间人类已可由类似狐猴的生物进化成今天的我们，请大家想想，一个进化上比我们先进 1,000 万年的智慧族类，对我们来说会是什么样子？

而最为激动人心的是，载着上述“X 族类”的太空飞船，理论上随时可能在地球的上空出现！

对此我的心情十分矛盾。一方面，我当然极其渴望知道“X”会是什么样子；可是另一方面，我却很想人类真的能够通过自身的努力和奋斗，摆脱所有劣根性和超越一切纷争，然后才以一个较成熟和有尊严的面貌，来迎接这些拥有超级智慧的外星族类。

所以如果你问我：“你想在有生之年见到外星人吗？”我真的不知怎样回答才好。

知多一点点

费米悖论的困惑

38 岁才从意大利移居美国的费米（Enrico Fermi），是 20 世纪著名的物理学家。世界上第一座原子反应堆，就是在他的领导之下建成，并于 1942 年启动的。1950 年的某天，他与同僚（都是著名的物理学家）闲聊间谈到宇宙中存在其他高等智慧生物的可能性。共进午餐时，他突然问道："他们都在哪儿呢？（Where are they? 另一记载则是：Where is everybody?）"就是如此简单的一问，成为了过去大半个世纪引起无数讨论的"费米悖论"（Fermi's Paradox）。

费米所问的，当然不是"某些外星人现在身处何方"的一个问题。他所指的是，宇宙如此的浩瀚，假如高等智慧族类是一种物质和生命的自然进化结果，那么即使它们出现的概率十分低（例如 100 万个恒星系统才可产生一个智慧族类），宇宙中也必然存在着极其众多的这些族类。例如我们的银河系有超过 1,000 亿颗恒星，1,000 亿除以 100 万，则单是银河系内便有超过 10 万个这样的族类。不要忘记的是，我们的银河系只是宇宙中有若恒河沙数的无数星系中的一个……

按照上述的推论，宇宙间应该充满了高度发展的科技文明，而某些文明的发展水平，很可能比人类的高出很多倍而可遨游宇宙。由于宇宙已经存在了这么久，即使光速是星际航行的极限，这些文明也应早已遍访所有拥有高等生命的星球。如此看来，他们应该早已探访过地球。既是如此，我们为何至今找不到这些探访的痕迹?

再宏观一点看，为什么在历经数百年而且越来越先进的天文观察之中，我们都找不到这些先进“地外文明”（extraterrestrial civilizations）的半点蛛丝马迹呢?

这便是著名的“费米悖论”。多年来人们挖空心思尝试解答这个悖论。答案大致可分为以下类别：

1. 高等智慧（可以自我观照的心灵）是一个独例，而人类是宇宙中唯一的高等智慧族类。（更极端的观点是生命本身是个独例；但即使生命在宇宙中十分普遍，“自觉的心”也可能仅此一家。）

2. 高等智慧可能是物质进化的普遍结果，但人类刚好是第一个达到高等智慧的族类。

3. 宇宙中其实充满着众多的高等智慧族类，而且他们的科技都远超人类，以至我们懵然不知，这便正如亚马孙森林中的蚂蚁，从来不知道世界上有人类的存在一样。

4. 宇宙中其实充满了众多的高等智慧族类，但他们刻意不让我们发觉，以免影响我们的成长。（电视剧集《星际迷航》中的“最高指导原则”（Prime Directive）概念。）

5. 同样刻意不让我们发觉，但他们的目的可能是把我们当作野生动物般暗中观察和研究（英文称为“The Zoo Hypothesis”），或是把我们当作“白老鼠”般做实验，甚至当作佳肴美食。

6. 正因宇宙中有众多凶残邪恶的族类，所以其他侥幸未被消灭的族类都懂得明哲保身，尽量将自己隐藏起来。（科学家霍金（Stephen Hawking）的警告；也是中国著名科幻小说《三体》的假设。）

上述当然没有穷尽各种可能性。最发人深省的一个假设是——高等智慧原来是一个必然自毁的现象，因为高科技加上生物的劣根性，必然导致自相残杀、自我毁灭。所谓“天作孽，尤可恕；自作孽，不可活”，放眼今天纷乱的世界，谁敢说这假设不能成立呢？大量的证据显示，如果我们不猛然觉醒、改弦更张，人类的文明能够永远延续的机会实在微乎其微……

宇宙观和人生观有没有关系

在我来说，答案是肯定的。但我很难解释那是一种怎样的关系。有人说，学天文的人因为知道宇宙的浩瀚，所以眼界会较为开阔、胸襟会较为宽广，这可能是一种关系。但让我告诉你，并非只有天文学才有这样的影响，所有关于大自然和人类世界的知识都会有这样的效果。

让我们回到本书开头谈及的“天有眼？”“天无眼？”，以及答案与我们的生活取向是否相干的问题。老实说，我从来没有打算为大家提供答案，因为我认为答案必须由每一个人自己作出。我只能说的是，即使你掌握了所有答案，你选择做一个好人还是一个坏人，最终仍然是你的一念之别。退一大步说，你是要开开心心地度过每一天，还是充满抱怨和不满地度过每一天，也是你的一念之差。不错，外在的因素固然会有所影响，但你是“心随境转”还是“境随心转”，最终仍是你一种内在的抉择。

谈到抉择，曾获诺贝尔奖的法国生物学家莫诺（Jacques Monod）说得好：“在宇宙冰冷和无尽空间里，任何地方都没有规定出人类的命运和义务。天国在上，地狱在下，人类必须作出自己的抉择。”

从晚清过度至民国的著名学者吴稚晖先生，曾经在1923 年写了一篇名为《一个新信仰的宇宙观与人生观》的文章，其中的一段我觉得十分精彩，借此跟大家一起分享：

“所谓人生，便是用手用脑的一种动物，轮到‘宇宙大剧场’第亿垓八京六兆五万七千幕，正在那里出台演唱。请作如是观，便叫做人生观。这个大剧场，是我们自己建筑的。这一出两手动物的文明新剧，是我们自己编演的。并不是敷衍什么后台老板，贪图趁机几个工钱，乃是替自己尽着义务。倘若不买力，不叫人“叫好”，反叫人“叫倒好”，也不过反对了自己的初愿。

因为照这么随随便便的敷衍，或者简直跟跟跄跄的闹笑话，不如早还守着“漆黑的一团”。何必轻易的变动，无聊的绵延，担任演那兆兆兆兆幕，更提出新花样，编这一幕的两手动物呢？并且看客亦就是自己的众兄弟们，他们也正自粉墨了登场。演得好不好，都没有什么外行可欺。用得着自己骗自己吗？”

既然不“随随便便的敷衍”，我们当然会问：“怎样的生活取向才是最好的？”古哲先贤对此已提出不少伟大的洞见，我自己最有共鸣的是：

▪儒家的“己欲立而立人，己欲达而达人”；

▪道家的“道法自然，率真豁达”；

▪佛家的“众生平等，慈悲为怀，放下执着，活在当下”。

在此之上，我会加上：

★理性上的探究、辨识、了解；

★感性上的体会、关爱、欣赏；

★灵性上的开悟、圆融、脱拔。

可能说得过于深奥了。哲学家麦金泰尔（Alasdair MacIntyre）的一句妙语（其实也颇深奥）可能更简单直接：

“美善的人生就是不懈地追求‘美善人生’的人生。（The good life for man is the life spent in seeking the good life for man.）”

大家还记得本书开首那头猿类动物的“异象”吗？聪明的你至此可能已经猜到。我所描述的情景，其实是一位漂亮的女士坐在一间五星级大酒店的西餐厅，正在进食一块五成熟的牛扒，并品味着一杯高级的法国红酒。而放在她旁边的，是坐在她对面的男朋友送给她的一束玫瑰花。不错，其实我跟大家开了一个玩笑，但我背后的意图却是认真的，那便是——我们对很多事物的看法，其实都取决于观点与角度罢了。

作为“万物之灵”的我们，所拥有最珍贵的东西是我们的好奇心、求知欲、理性分析能力、想象力、互助互爱的心，以及自省的能力。无论你们长大后从事什么工作，选择走什么样的道路，我都希望你们不会丢失上述的特质。不但不应丢失，而且还必须把它们不断扩充和提升，希望大家以后能够不断“品味宇宙、品味人生”。

知多一点点

宇宙大同

对于大自然的“弱肉强食”现象，我们一般都认为是自然法则，故此并不会牵涉是非对错。但自从人类发展出高等智慧和高等感情，他也发展出“是”“非”“善”“恶”“慈悲”“残忍”“压迫剥削”和种种有关“不公义”的道德观念。“抑恶扬善”于是成为了人类历史的一大主题。

古哲先贤如中国的孔孟、印度的佛陀、西方的苏格拉底和柏拉图等，都对这种追求作出了睿智的探究和宣示。可惜，这没有阻止往后数千年（准确点是 2,500 多年）人与人之间不停地争斗、压迫和杀戮。

对于这种情况历来有两种观点，第一种是“性恶论”及由此引申的悲观主义，即认为“性本恶”的人类无法摆脱他的“劣根性”（佛教所说的“贪”“嗔”“痴”），所以追求“公义”和“美善”的“大同世界”永远只能是徒然的。

至于另一种观点，则是基于“性善论”的乐观主义，即认为人类通过不断的经验累积、自我反省和自我改善，可以令“善心”和“善行”不断扩充，令世界变得更“公义”“和谐”“美好”。

在前者的眼里，抱持第二种观点的人无疑是天真（也往往危险）的“乌托邦主义者”。在后者的眼里，抱持第一种观点的人是虚无的“败北主义者”。

的确，支持第一种观点的事实比比皆是——从越来越精良和恐怖的杀人武器（包括可将全人类毁灭的“热核武器”)、20 世纪的两场世界大战和多次种族大屠杀、生活压力的不断增加、精神病的越趋普遍、资本主义无限逐利所导致的压迫剥削、贫富悬殊、生态毁灭、资源耗尽和环境污染(包括足以令文明崩溃的全球暖化危机)日趋剧烈等的现实,我们有充分的理由感到悲观。

可另一方面,我们也可找到支持第二种观点的历史发展——奴隶制度的被取缔、妇女社会地位的大幅提升、数千年“家天下”的帝制被推翻、殖民主义的退却、酷刑被禁止、动物权益的提升、联合国的成立、“人权、自由、法治、民主”等价值得到普遍认同等。仅仅于 1800 年(在历史长河中犹如昨日),这些都是完全无法想象的。

文明在进步还是退步?孔子理想中的“大同世界”会有实现的一天吗?宇宙中假如真的有众多的“高等智慧”族类,他们可以和谐共处吗?有如本书正文中的“天有眼?天无眼?”的提问一样,各位必须自己寻找答案。

让笔者引用一个故事作结：

父亲为了锻炼儿子的胆识，与他前往荒野露营，在繁星之下篝火之旁，两人听到远处传来的狼嚎。儿子显得有点害怕。于是父亲跟他说："不用怕，那些狼离这儿十分远呢！这样吧，让我讲一个关于狼的故事给你听听。"

儿子十分高兴，并安静下来细听。

"其实我们每个人心里都有两头狼。"父亲说，"其中一头正直、善良、勇敢，它爱护家人、忠于朋友，也忠于整个族群。它乐于帮助有需要的同伴，也常常关怀弱小，在危急时甚至愿意牺牲小我。"

"至于另一头狼，它自私、贪婪、狡诈，它觉得全世界都亏欠了它，所以常常感到不快乐，而且为了达到一己的目的，往往不择手段，不理会他人的感受甚至死活。"

“自天地开辟以来，这两头狼都在每一个人的心中交战。人世间的烦恼，绝大部分都由这种交战引起。”

儿子这时不禁问道：“那么，最后哪一头狼会赢呢？”

父亲微笑着答：“当然是你喂养的那一头。”

李逆熵作品一览

中文书

1. 《最后的问题》
2. 《卖陨石的人》
3. 《超人的孤寂》
4. 《星战迷宫》
5. 《核冬旋风》
6. 《恐龙灭绝之谜》
7. 《三分钟宇宙》（港版、台版）
8. 《夜空之恋》
9. 《夜空的呼唤》（港版、台版）
10. 《人类大追踪》
11. 《科学充内行》
12. 《生物学新猷》
13. 《乌鸦的困惑》
14. 《挑战时空》
15. 《无限春光在太空》
16. 《浩哉宇宙》
17. 《恋恋夜空》（《夜空之恋》增订版）

18.《泰拉文明消失之谜》(《无限春光在太空》增订版)

19.《格物致知 – 思考与研究方法概要》

20.《浩哉新宇宙》(《浩哉宇宙》增订版)

21.《唤醒 69 亿只青蛙 》

22.《爱上科学》

23.《探星的轨迹》

24.《金星的警告》

25.《科幻迷情》

26.《天天天晴—给女儿的五十封信》

27.《反转经济学》

28.《资本的冲动》(港版、内地版)

29.《色．情男女全面睇》

英文书

30. The Quest for Cyber Cathay

31. Rambling Through the Universe

32. The Urge of Capital (kindle edition)

主编

33.《宇宙摩天轮—香港短篇科幻小说精选》(港版)

34.《宇宙潜航—香港短篇科幻小说精选》(内地增订版)

著作权合同登记号：图字 13-2019-012
作者：李逆熵

图书在版编目（CIP）数据

论尽宇宙：从远古人类到外星人的神秘探索 / 李逆熵著. —福州：福建科学技术出版社，2019.6（2022.11 重印）
ISBN 978-7-5335-5887-1

Ⅰ. ①论… Ⅱ. ①李… Ⅲ. ①宇宙－青少年读物
Ⅳ. ① P159-49

中国版本图书馆 CIP 数据核字（2019）第 071675 号

书　　名　论尽宇宙　从远古人类到外星人的神秘探索
著　　者　李逆熵
出版发行　福建科学技术出版社
社　　址　福州市东水路76号（邮编350001）
网　　址　www.fjstp.com
经　　销　福建新华发行（集团）有限责任公司
印　　刷　福州万紫千红印刷有限公司
开　　本　889毫米×1194毫米　1/32
印　　张　4
图　　文　128码
版　　次　2019年6月第1版
印　　次　2022年11月第4次印刷
书　　号　ISBN 978-7-5335-5887-1
定　　价　25.00元